SAG A*

PILLARS OF CREATION

CARINA NEBEL

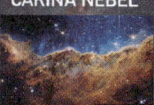

NEBEL ESO 378-1

KREBSNEBEL

50.000 LICHTJAHRE

SUZANNA RANDALL

WELLENREITEN IM WELTALL

Eine Reise durchs Universum
auf den Spuren des Lichts

SUZANNA RANDALL

WELLENREITEN IM WELTALL

Eine Reise durchs Universum
auf den Spuren des Lichts

INHALT

VORWORT

Das Weltall fasziniert mich, seit ich denken kann. Meine Eltern erzählen, dass ich schon als Dreijährige bei nächtlichen Autofahrten gebannt den Mond und die Sterne anstarrte. Später begann ich, alles über Raumfahrt, fremde Planeten, Sterne und Galaxien zu lesen, was ich in die Finger bekam. Ich entdeckte Sally Ride, die erste Amerikanerin im Weltall, folgte den *Voyager*-Raumsonden bei ihrer langen Reise durchs Sonnensystem und tapezierte mein Zimmer mit Bildern des Pferdekopfnebels, der Sombrero-Galaxie und meines Lieblingsplaneten Neptun. Und dem *Bravo*-Starschnitt von Jon Bon Jovi natürlich. Mit meiner besten Freundin plante ich, nach Chile auszuwandern, weil ich gelesen hatte, dass dort die größten Teleskope der Welt stünden. Meine geliebte Katze nannte ich Triton, frei nach dem größten Neptunmond, und ich erzählte jedem, der es hören wollte (oder auch nicht), dass ich irgendwann der erste Mensch auf dem Mars sein würde. Das hat meine Mitschülerinnen so beeindruckt, dass es am Ende sogar als Ankündigung in unserer Abizeitung stand.

Woher ich diese ungewöhnliche Leidenschaft hatte? Ich weiß es nicht. In meinem näheren Umfeld hatte niemand eine Affinität zu den Naturwissenschaften, geschweige denn dem Weltraum. Aber mich faszinierte das Unbekannte, das Exotische und besonders das Unvorstellbare – und was bitte ist unvorstellbarer als die unendlichen Weiten des Weltalls? Ich wollte immer schon fremde Welten entdecken und erforschen, Abenteuer erleben.

Mein kleiner Bruder kann ein Lied davon singen – er wurde als Kind regelmäßig als Rudersklave oder, wenn er richtig Glück hatte, als erster Offizier eingespannt, um mit mir wahlweise auf dem Sofa oder dem Klettergerüst über die Weltmeere zu segeln oder durch ferne Galaxien zu düsen. Mir war früh klar, dass ich später beruflich „irgendwas mit Weltraum" machen wollte – so kam es, dass ich nach dem Abi Astrophysik studierte, zuerst in meiner Herzensstadt London und danach in Montreal in Kanada. Dort schrieb ich meine Doktorarbeit über pulsierende blaue Unterzwergsterne, von denen ich auch in diesem Buch erzähle. Kurz danach wurde für mich ein Kindheitstraum wahr: Ich ergatterte eine Stelle an der Europäischen Südsternwarte ESO in Garching bei München und darf seitdem regelmäßig nach Chile, um dort mit den größten Teleskopen der Welt in die unendlichen Weiten unseres Universums zu schauen!

Ich begann meine Karriere bei der ESO am VLT, dem *Very Large Telescope*, und wechselte einige Jahre später zu ALMA, dem neusten ESO-Observatorium der Superlative. 2018 ging für mich ein weiterer Kindheitstraum in Erfüllung: Ich wurde durch die deutsche Privatinitiative *Astronautin* als eine von zwei Astronautinnen ausgewählt und trainiere seitdem in Teilzeit für eine zweiwöchige Forschungsmission zur internationalen Raumstation ISS.

Über dieses Abenteuer könnte ich wahrscheinlich auch ein Buch schreiben – aber nicht das, das du jetzt in den Händen hältst. Hier geht es um meine erste Liebe: die Astronomie. Inzwischen bin ich seit über 15 Jahren als Wissenschaftlerin bei der ESO, habe hier alle möglichen Aufgaben rund um astronomische Beobachtungen übernommen, mit Astronomie-Kollegen aus aller Welt an unterschiedlichen Forschungsprojekten gearbeitet und war unzählige Male in Chile an allen ESO-Teleskopen. Und immer noch fasziniert mich das Weltall mit seinen Geheimnissen.

Heutzutage geht es mir weniger darum, Fantasiereisen in ferne Galaxien zu unternehmen (obwohl das durchaus ab und zu noch vorkommt), als den Kosmos mit seinen vielen Facetten wissenschaftlich zu begreifen. Zu verstehen, wie Sterne und Planeten entstehen, sich entwickeln und sterben. Unbekannte Objekte am Nachthimmel zu entdecken und herauszufinden: Was ist das?

Exotische Objekte wie schwarze Löcher zumindest annähernd beschreiben zu können. Und natürlich: herauszufinden, ob unsere Erde einzigartig ist, ob es noch irgendwo anders in diesem riesigen Kosmos Leben gibt und wenn ja, wie es aufgebaut ist. Genau wie ich finden auch unzählige andere Menschen den Weltraum und die Dinge, die dort herumschwirren, total spannend und würden gerne mehr darüber erfahren. Aber viele fangen gar nicht erst an, sich damit zu beschäftigen, weil sie meinen, das sei alles total kompliziert und ohne ein abgeschlossenes Physikstudium sowieso nicht zu verstehen. Falls du dazugehörst, kann ich dich beruhigen: Mehr als sehr vage Erinnerungen an die Schulphysik und etwas Interesse brauchst du nicht, um Spaß an diesem Buch zu haben. Gleichzeitig denke ich, dass es auch für richtige Astronerds den ein oder anderen Aha-Moment gibt – ich jedenfalls habe bei meiner Recherche viel dazugelernt und beim Schreiben auch mal vor mich hin geschmunzelt.

Noch vor ein paar Jahren hätte ich niemals geglaubt, ein populärwissenschaftliches Astronomiebuch schreiben zu können – oder das überhaupt zu wollen. Dann fing ich durch einen dieser schicksalhaften Zufälle, die das Leben manchmal bereithält, im Herbst 2020 an, für den ZDF YouTube-Kanal *Terra X Lesch & Co.* Videos zu moderieren und entdeckte eine ganz neue Seite der Wissenschaft. Hatte ich vorher nur hochwissenschaftliche (aber oft staubtrockene) Paper veröffentlicht, um meinen sehr eng gefassten Bereich der astrophysikalischen Forschung ein wenig voranzubringen, fand ich nun mehr und mehr Gefallen daran, mir ein breites Wissen über die aktuellen astronomischen Erkenntnisse anzueignen und meine Faszination für das Weltall mit einer Vielzahl unterschiedlich gestrickter Menschen zu teilen. Als ich mich schließlich entschied, dieses Buch zu schreiben, war mir sofort klar: Es musste um Beobachtungen des Kosmos in unterschiedlichen Wellenlängenbereichen gehen.

Erstens ist das ein Thema, mit dem ich bestens vertraut bin. Schließlich habe ich meine wissenschaftliche Karriere mit optischen Beobachtungen begonnen, bevor ich zu ALMA, einem Millimeter-Teleskop, wechselte. Und zweitens finde ich es essenziell, Dinge aus unterschiedlichen Blickwinkeln zu betrachten, um sie wirklich zu verstehen. Und eben nicht nur das sichtbare, sondern auch das unsichtbare Licht einzufangen und zu deuten. Wie schon Antoine de Saint-Exupéry in *Der kleine Prinz* schrieb: „Das Wesentliche ist für die Augen unsichtbar." Im Falle des Weltalls sieht man aber nicht nur mit dem Herzen gut, sondern vor allem mit speziell für die unterschiedlichen Bereiche des unsichtbaren Lichts konzipierten Teleskopen. Mit denen können wir Dinge erkennen, die sonst unseren Augen entgehen würden – und so aus den einzelnen Beobachtungs-Puzzleteilchen auf das große Ganze schließen. Von unserem Ursprung aus Sternenstaub bis zur fernen Zukunft des Universums ist alles dabei bei dieser abenteuerlichen Reise durch unseren Kosmos und seine Farben. Ich wünsche dir viel Spaß beim Wellenreiten auf dem Licht des Weltalls!

Deine
Suzanna Randall

DER KOSMISCHE REGENBOGEN

Am Anfang war: nichts. So besagt es zumindest die Theorie des Urknalls, aus dem vor fast 14 Milliarden Jahren unser gesamtes Universum entstanden sein soll. Alles, was uns jetzt umgibt – Materie, Raum, ja sogar die Zeit – nahm im Urknall seinen Anfang. Damals hatte das Universum keine Ausdehnung, war also unendlich klein und dabei unendlich heiß und unendlich dicht. Klingt unvorstellbar? Ist es auch, sogar für Astrophysikerinnen wie mich. Und wir sind da echt hart im Nehmen.

Distanzen von Trillionen von Kilometern, Zeitspannen von Milliarden von Jahren und Raum-Zeit-Krümmungen lassen uns nicht mal mit der Wimper zucken – obwohl wir sie so wenig begreifen können wie jeder normale Mensch. Aber wir können dem Nicht-wirklich-Begreifen ein bisschen den Schrecken nehmen, indem wir uns mit der Physik wappnen und diese unbegreiflichen Dinge mit Formeln und Zahlen beschreiben. Das ist auch meine persönliche Strategie, um durch meinen Arbeitsalltag zu kommen, ohne durchzudrehen: Anstatt pausenlos darüber nachzudenken, dass ich aus Sicht des Universums auf einem winzigen Staubkorn Erde um unseren winzigen Funken Sonne kreise, der achterbahnmäßig durch den Strudel der Milchstraße jagt, die wiederum nur eine von Abermilliarden Galaxien ist, berechne ich lieber unseren Geschwindigkeitsvektor relativ zum Zentrum der Milchstraße und beschreibe die Entfernung zu anderen Galaxien mit einer Maßeinheit, die beruhigend kleine Zahlen hergibt[1]. Ich bin ja schließlich Wissenschaftlerin und damit – zumindest während meiner Arbeitszeit – der Rationalität verpflichtet.

Das Blöde ist nur, dass selbst die Wissenschaft beim Urknall an ihre Grenzen gerät. Unsere Physik ist einfach noch nicht so weit, den Urknall oder das Universum in der Zeit kurz danach zu beschreiben. Ganz zu schweigen davon, was womöglich vor dem Urknall gewesen sein könnte oder ob es überhaupt ein „vor dem Urknall" gab.

Es gibt zum Beispiel eine Theorie, dass unser jetziges Universum nicht wie beim Urknall aus dem Nichts, sondern aus dem Quantenrückprall eines früheren Universums entstanden ist. Dabei wäre das andere Universum am Ende seines Lebens kollabiert, allerdings nicht ganz bis zum Zustand von „unendlich klein, unendlich heiß, unendlich dicht", sondern nur bis ganz kurz davor. Dann wäre es an die Grenze der kleinstmöglichen Größe gestoßen und wie ein Flummi in einer gigantischen Explosion als unser Universum zurückgeprallt. Diese Theorie heißt *Big Bounce* und ist eine Variante des bekannteren *Big Bang*, allerdings bis jetzt ohne gleichnamige Fernsehserie. Schade – ich stelle mir Sheldon Cooper auf einem Trampolin ganz lustig vor! Aber egal ob *Big Bounce* oder *Big Bang*: Fakt ist, dass die jetzige Physik erst 10^{-43} Sekunden nach der Entstehung unseres Universums greift.

Das heißt: Wir haben eigentlich keine Ahnung, was davor passiert ist und wie das Universum geboren wurde – nicht besonders befriedigend für Menschen, die möglichst alles verstehen und in physikalische Formeln zwängen wollen. Und für mich schon als Kind die Ursache zahlreicher schlafloser Nächte. Mein Gehirn konnte sich mit einem Zustand des absoluten Nichts einfach nicht anfreunden – und kann es ehrlich gesagt bis heute nicht. In der Hinsicht bevorzuge ich den *Big Bounce* und deren endlose Aneinanderreihung von sich ausdehnenden und dann wieder zusammenfallenden Universen.

Glücklicherweise haben wir zumindest eine gute Vorstellung davon, was *nach* den besagten 10^{-43} Sekunden mit dem Universum passierte. Kurz gesagt, es dehnte sich aus und kühlte ab – und das tut es bis heute. Laut *Big Bang* Theorie gab es dabei kurz nach dem Urknall eine kurzzeitig extrem starke Expansion, während der sich das Universum sehr viel schneller ausdehnte als jetzt. Wie ein Ballon, in den man anfangs mit ganz viel Kraft hineinpustet, bis er sich schlagartig aufbläht (und man selbst erstaunt nach Atem schnappt). Am Ende dieser sogenannten Inflation war das Universum weniger als 10^{-30} Sekunden alt und schon in etwa so groß wie ein Apfel. Das klingt jetzt erst mal gar nicht so beeindruckend – bis man sich vor Augen hält, dass es vor der Inflation noch viel kleiner war als ein Proton. Bezogen auf meine Wohnung hätte die Inflation aus einem einzigen Staubkorn in Bruchteilen einer trilliardstel Sekunde eine gigantische Wollmaus so groß wie das ganze Sonnensystem gemacht. Immerhin hätte sich dann das Staubsaugen gelohnt.

Kurz nach der Inflation (im Universum, nicht in meiner Wohnung) bildeten sich die ersten Elementarteilchen, danach größere Atombausteine wie Protonen und Neutronen und nach nur ungefähr 10 Sekunden schließlich die ersten, noch instabilen Atomkerne. In seinen ersten Lebensjahren bestand das Universum aus einer sehr heißen, undurchsichtigen Plasmasuppe von Elektronen, freien Protonen, Atomkernen und Lichtteilchen (Photonen).

Nach knapp 400 000 Jahren war es ausreichend abgekühlt, sodass sich stabile Atome bildeten – hauptsächlich Wasserstoff (circa 75 %) und Helium (circa 25 %) sowie kleine Mengen von Deuterium und Spuren von Lithium und Beryllium. Die Lichtteilchen fingen an, sich von den Materieteilchen zu entkoppeln. Dabei entstand die kosmische Hintergrundstrahlung, auf die ich im Kapitel *Orange* genauer eingehe. Das Universum wurde langsam, aber sicher durchsichtig, sodass das Licht große Distanzen zurücklegen konnte – und wir heute weit entfernte Sterne und Galaxien beobachten können.

Bis die sich überhaupt bildeten, dauerte es allerdings eine Weile. In der Zwischenzeit dehnte sich das Universum weiter aus und wurde immer kühler – und dunkler. Das Dunkle Zeitalter war angebrochen. Und ja, das ist der hochwissenschaftliche Name für diese Epoche in der frühen Kindheit unseres Universums – wäre das hier ein Film, würde jetzt bedrohlich-unheimliche Musik ertönen. Nach und nach bildeten sich aus kleinsten Dichteschwankungen, die gängigen Theorien zufolge während der Inflationsphase entstanden waren, großräumige Strukturen, die mit der Zeit immer mehr Masse anzogen. Das ist ein bisschen wie mit Chips – es fängt mit ein oder zwei an und bevor man sich versieht, hat man sich die ganze Packung einverleibt. Zumindest ist das bei mir so. Aber anders als die Masseansammlungen im jungen Universum kann ich gar nicht so viel zu mir nehmen, dass ich unter meinem eigenen Gewicht implodiere. Genau das geschah aber nach ein paar hundert Millionen Jahren im jungen Universum: Die sogenannten Materie-Halos kollabierten und die ersten Sterne wurden geboren, gefolgt von Sternhaufen und den ersten Galaxien. Nach einem langen dunklen Zeitalter ward es endlich wieder Licht. Und unser kosmischer Regenbogen nahm seinen Anfang.

Was für ein Glück – nicht nur für uns Menschen ganz allgemein, sondern auch für die Astronomie! Wir verdanken nämlich fast unser gesamtes Wissen über den Kosmos seiner elektromagnetischen Strahlung, die wir hier auf der Erde empfangen und auswerten können. Strahlung – das klingt für dich vielleicht erst mal irgendwie gefährlich, nach Kernreaktorunglück und so. Aber Strahlung umgibt uns immer und überall. Auch das sichtbare Licht ist eine Form von Strahlung. Dank Strahlung können wir unsere Umgebung sehen, immer und überall ins Internet gelangen und unser Essen erwärmen, wie wir im Laufe der nächsten Kapitel noch sehen werden. Ein Leben ohne Strahlung wäre nicht nur sinnlos, sondern (anders als beim Mops von Loriot) auch nicht möglich. Denn nur durch die Strahlung der Sonne ist es auf der Erde warm genug für Leben – und uns Menschen. Ohne die

Sterne und ihre Strahlung wäre das ganze Universum dunkel, kalt und überaus lebensfeindlich.

Aber was ist Strahlung überhaupt? Je nachdem, ob man einen Wahrsager oder eine Medizinerin fragt, bekommt man darauf wohl unterschiedliche Antworten. Als Astrophysikerin sage ich ganz nüchtern: „Elektromagnetische Strahlung bezeichnet die Ausbreitung von Energie in Form von elektromagnetischen Wellen."[2] Diese elektromagnetischen Wellen kann man sich ein bisschen vorstellen wie Wellen auf dem Ozean: Sie haben eine bestimmte Höhe („Amplitude") und treffen mit einer bestimmten Regelmäßigkeit („Frequenz") am Strand oder einem Wellenbrecher ein. Anders als die Wellen auf dem Ozean können elektromagnetische Wellen ihre Energie aber praktischerweise auch im Vakuum ausbreiten – sonst würden wir die Strahlung aus dem Kosmos gar nicht empfangen können. Dort sind sie mit einer konstanten Geschwindigkeit unterwegs: mit der durch nichts zu übertreffenden Lichtgeschwindigkeit von etwa 300 000 Kilometern pro Sekunde. Diese konstante Geschwindigkeit ist der Grund, warum wir beim Blick ins Weltall nicht nur weit weg, sondern auch zurück in die Vergangenheit blicken.

Das Licht unseres nächsten kosmischen Begleiters, dem Mond, braucht nur etwas über eine Sekunde, bis es zu uns gelangt. Von der Sonne sind es schon 8 Minuten, vom nächsten Stern gut vier Jahre. Von unserer Nachbargalaxie Andromeda braucht die Strahlung sage und schreibe 2,5 Millionen Jahre, um uns zu erreichen! Wenn wir also irgendwann mal ein Lebenszeichen von außerirdischen Zivilisationen aus einer anderen Galaxie empfangen sollten, besteht durchaus die Möglichkeit, dass sie schon längst wieder ausgestorben sind. Nicht die besten Voraussetzungen für einen interstellaren Austausch. Aber dazu später mehr.

Kommen wir zurück zu unseren elektromagnetischen Wellen und einem notwendigen kleinen theoretischen Exkurs. Ich verspreche dir, danach beschäftigen wir uns ausgiebig mit den Wundern des Universums. Aber um diese wirklich zu verstehen, müssen wir uns zuerst ein wenig mit der Physik der Strahlung auseinandersetzen. Wie schon erwähnt, haben elektromagnetische Wellen eine charakteristische Frequenz, die die Rate der an einem fixen Punkt eintreffenden Wellenberge (oder Wellentäler) beschreibt. Gemessen wird die Frequenz in Hertz (Hz) oder, anders ausgedrückt, in Schwingungen pro Sekunde.

Das sichtbare Licht zum Beispiel hat eine typische Frequenz von 550 Terahertz, das heißt, pro Sekunde treffen $5,5 \times 10^{14}$ Wellenberge an einem Punkt ein. Das entspricht einer Wellenlänge (dem Kehrwert der Frequenz, also dem Abstand von einem Wellenberg zum nächsten) von 545 Nanometern oder weniger als einem tausendstel Millimeter. Hört sich ziemlich klein an, oder? Und dennoch gibt es Strahlung, die noch viel kleinere Wellenlängen hat, wie die Röntgen- oder Gammastrahlung. Aber es gibt auch solche mit viel größeren Wellenlängen, die man sich besser vorstellen kann, zum Beispiel Radiowellen mit Wellenlängen von mehreren Metern.

Als wäre das noch nicht kompliziert genug, kann elektromagnetische Strahlung nicht nur als Welle mit einer charakteristischen Wellenlänge beziehungsweise Frequenz beschrieben werden, sondern auch als Strom von (masselosen) Lichtteilchen, oder Photonen. Anscheinend konnte sich das Licht nicht entscheiden, ob es nun lieber eine Welle oder ein Teilchen sein wollte, und nahm kurzerhand die Eigenschaften von beiden an. Wie ein Chamäleon zeigt es mal die eine, mal die andere Seite, je nachdem, was gerade angesagt ist. Wenn ich beispielsweise eine Seifenblase betrachte, schillert die nur dank der Welleneigenschaft des Lichts[3] so schön. Dafür nutzt meine Handykamera die Teilcheneigenschaft des einfallenden Lichts, um mit der Energie der eintreffenden Photonen Elektronen aus dem Sensormaterial zu lösen und ein elektrisches Signal zu erzeugen[4]. Dabei ist die Energie eines Photons linear proportional zur Frequenz der Welle, das heißt, egal welche Eigenschaft des Lichts ich beobachte, ich kann die Charakteristik der anderen leicht ausrechnen. Für sowas wurden Online-Rechner erfunden! Hohe Frequenzen bedeuten automatisch eine hohe Energie und eine kleine Wellenlänge. So hat eine Radiowelle mit einer Frequenz von beispielsweise 100 Megahertz (oder einer Wellenlänge von 3 Metern) eine Photonenenergie von nur etwa 400 Nanoelektronvolt[5], eine sichtbare Lichtwelle mit einer Frequenz von 550 Terahertz (oder einer Wellenlänge von 545 Nanometern) eine Energie von gut 2 Elektronvolt und Gammastrahlung mit einer Energie von 25 Megaelektronvolt eine Frequenz von 6 Zettahertz – und eine unvorstellbar kleine Wellenlänge von 50 Femtometern!

Da kein Mensch weiß, was ein Femtometer oder ein Zettahertz ist, sprechen wir bei Röntgen- und Gammstrahlung meist von Energie in Elektronvolt anstatt von Wellenlängen und Frequenzen. Falls dir bei diesen ganzen Einheiten schwindelig wird, bist du nicht allein – selbst ich als Astronomin habe nicht alle Zehnerpotenzen parat, alles jenseits von Tera (10^{12}) oder Nano (10^{-9}) muss ich nachschauen. Aber da das hier ein Wissenschaftsbuch ist, kommen wir ganz ohne Zahlen und Einheiten nicht aus. Wenn du richtig durchsteigen willst, kannst du in der Abbildung die Zehnerpotenzen und Einheiten studieren, ansonsten reicht es auch, wenn du weißt, dass Kilo, Mega und Giga für große bis sehr große Zahlen stehen und Milli, Mikro und Nano für kleine bis sehr kleine. Wo es für das Verständnis wichtig ist, „übersetze" ich die Zehnerpotenzen in Millionen, Milliarden und so weiter. Und irgendwie ist es auch fast egal, ob am Ende einer Zahl 25 oder 30 Nullen stehen – wirklich greifbar sind solche Zahlen sowieso nicht.

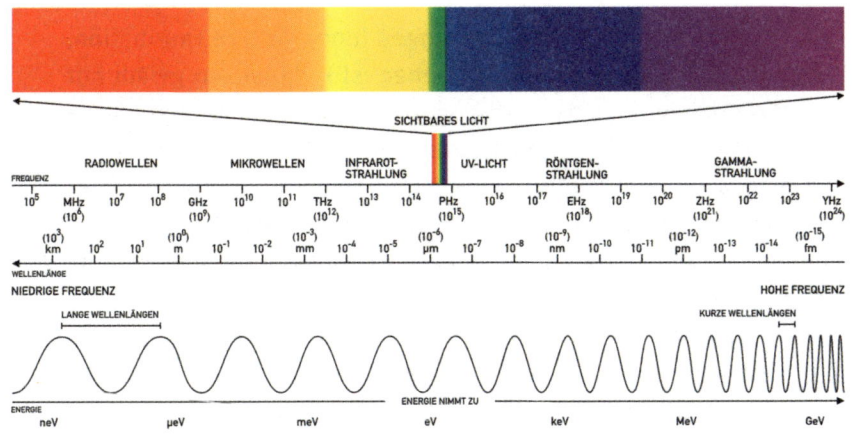

Das elektromagnetische Spektrum – und seine Einteilung in die Farben des kosmischen Regenbogens in diesem Buch

Wenn man nun unterschiedliche Wellen nach ihrer Frequenz beziehungsweise Energie (oder in umgekehrter Reihenfolge nach ihrer Wellenlänge) sortiert, bekommt man das elektromagnetische Spektrum, bei dem das sichtbare Licht ziemlich in der Mitte angesiedelt ist, aber eben nur einen sehr kleinen Teil des großen Ganzen ausmacht. Der Rest des Spektrums besteht aus Strahlung, die für unsere Augen nicht sichtbar ist, die wir aber mit speziellen Teleskopen einfangen können. Das elektromagnetische Spektrum kann man sich ein bisschen vorstellen wie einen kosmischen Regenbogen, der aber anders als der normale Regenbogen alle Arten von Strahlung umfasst, nicht nur das sichtbare Licht. Beim irdischen Regenbogen sind die unterschiedlichen Farben nichts anderes als unterschiedliche Frequenz- oder Wellenlängenbereiche, wobei das rote Licht eine längere Wellenlänge (650 Nanometer) hat als das violette Licht (450 Nanometer) und die anderen Farben nach Wellenlänge geordnet dazwischenliegen. Der Regenbogen ist also einfach eine wunderschöne natürliche Darstellung des elektromagnetischen Spektrums im sichtbaren Bereich.

Ich persönlich liebe Regenbogen (noch so eine Faszination, die mir aus der Kindheit geblieben ist!), deswegen gefällt mir das Gleichnis eines kosmischen Regenbogens für das ganze elektromagnetische Spektrum so gut. Dabei zoomen wir einfach komplett aus dem elektromagnetischen Spektrum raus und ordnen jeder Farbe des Regenbogens einen Wellenlängenbereich zu: von Rot für die langen Radiowellen bis hin zu Violett für die sehr kurzwelligen Gammastrahlen.

Praktischerweise wird das elektromagnetische Spektrum üblicherweise in sieben Bereiche geteilt, passend zu den sieben Farben des Regenbogens. Klar, dieser kosmische Regenbogen des elektromagnetischen Spektrums ist zum Großteil unsichtbar. Aber das macht ihn für mich umso spannender. Denn nur wenn wir auch das unsichtbare Licht des Universums einfangen, können wir ihm all seine Geheimnisse entlocken. Die unterschiedlichen Farben des kosmischen Regenbogens bringen nämlich jeweils unterschiedliche Objekte – oder auch unterschiedliche Aspekte desselben Objektes – zum Vorschein.

Dabei gilt als Faustregel: Je kurzwelliger (oder hochfrequenter) die Strahlung, desto höher die Temperatur und die Energie der Strahlungsquelle. Heiße Sterne zum Beispiel leuchten vornehmlich im relativ kurzwelligen UV Bereich, während die kalten Wolken aus Staub und Gas, aus denen sie ursprünglich entstanden eher langwellige Mikrowellen ausstrahlen. Um das Universum in all seiner Schönheit kennenzulernen, müssen wir also mit unseren Beobachtungen den gesamten kosmischen Regenbogen abdecken. Und genau darum geht es in diesem Buch.

ROT

RADIOWELLEN

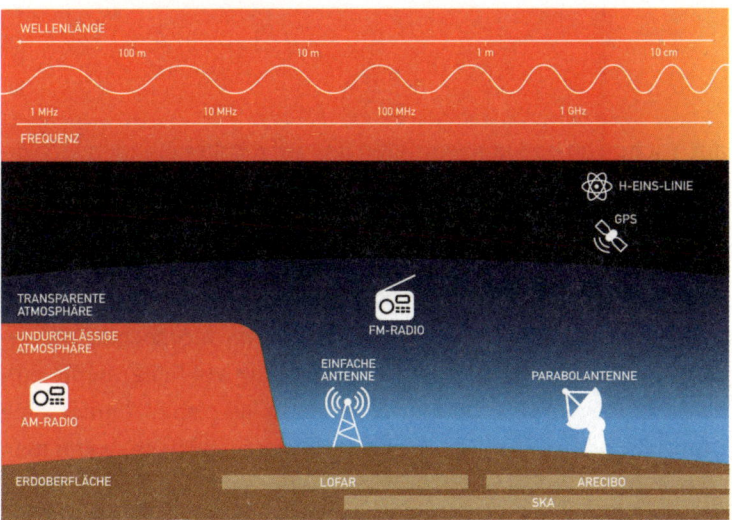

R adiowellen haben eine lange, illustre Geschichte: Sie waren die ersten elektromagnetischen Wellen, die von Menschen bewusst generiert und für ihre Zwecke (Stichwort: Radio!) genutzt wurden. Der Startschuss fiel bereits 1864 mit den berühmten Maxwellschen Gleichungen: Darin postulierte James Clerk Maxwell, dass elektrische und magnetische Felder sich als sogenannte elektromagnetische Wellen im Raum ausbreiten können und dass unser allseits bekanntes Licht nur eine kurzwellige Art dieser elektromagnetischen Strahlung sei. In gewisser Weise geht also dieses gesamte Buch auf Maxwell zurück, was ich ziemlich ironisch finde – denn ich habe die Maxwellschen Gleichungen und eigentlich alles, was mit Elektrizität und Magnetismus zu tun hatte, während meines Astrophysik-Studiums regelrecht gehasst. Aber zum Glück für mich (und dich!) haken wir unseren Freund Maxwell an dieser Stelle

STECKBRIEF

Wellenlänge: > 15 cm
Frequenz: < 2 GHz
Teleskope: Arecibo, LOFAR, SKA
Astronomische Quellen: Radiogalaxien, neutraler Wasserstoff, Pulsare, Aliens?
Anwendung: Radio, GPS

auch schon ab und konzentrieren uns auf die spannenden Auswirkungen seiner Theorie im Alltag – und natürlich in der Astronomie. Denn ohne elektromagnetische Wellen geht wirklich gar nichts.

Angefangen mit der Telekommunikation. Zwar war es schon in den 1830er Jahren möglich, mithilfe von Drahtverbindungen und elektrischen Impulsen Nachrichten im Morsecode zu verschicken, die am anderen Ende der Leitung als Telegramme entschlüsselt werden konnten. Aber dafür war eben immer eine Drahtleitung notwendig – nicht besonders praktisch, wenn man zum Beispiel auf einem Schiff unterwegs war. Glücklicherweise gelang es Heinrich Hertz 1886 mithilfe von einem Funkeninduktor (deswegen der Name Funkwellen!), ein paar Zinkkugeln und Drähten, erstmals elektromagnetische Wellen zu erzeugen und durch die Luft von einem Sender zu einem Empfänger zu schicken – ganz ohne Drahtverbindung!

Die Grundlage für die Radiokommunikation war gelegt und wurde über die nächsten Jahrzehnte von Forschern aus aller Welt weiterentwickelt. Heinrich Hertz wurde mit der meiner Meinung nach höchsten aller Auszeichnungen geehrt – einer nach ihm benannten physikalischen Einheit, in diesem Falle die der Frequenz. Wenn ich die Wahl hätte, würde ich das sogar einem Nobelpreis vorziehen, denn die gängigsten Physik-Einheiten kennt jedes Schulkind, die Nobelpreisträger mit ein paar Ausnahmen eher nicht.

Der Rundfunk, wie wir ihn auch heute noch kennen, etablierte sich ab den 1920er Jahren und basiert darauf, dass Radiowellen gezielt entweder in Amplitude (AM Radio) oder Frequenz (FM Radio) moduliert werden. Diese leichte Abänderung der Trägerwelle enthält das zu sendende Signal. Das kann man sich vorstellen wie einen hin und her wippenden Cowboy auf einem gleichmäßig galoppierenden Pferd: Der Tanz des Cowboys ist das, was wir sehen wollen – aber ohne das Pferd würde er uns niemals erreichen.

Das Besondere an unserem Radiowellen-Pferd ist, dass es dank seiner langen Beine Hindernisse einfach überspringen kann – würden wir unseren Cowboy stattdessen auf einen Chihuahua setzen, wäre an der ersten kleinen Mauer Schluss. Und genauso ist es auch bei elektromagnetischen Wellen: Die langen Radiowellen können (anders als zum Beispiel das sichtbare Licht) Hindernisse wie Wände und Mauern problemlos durchdringen und so auch bei geschlossener Tür von unserem Radioempfänger erkannt und in Schallwellen umgewandelt werden. Die übrigens keine elektromagnetischen Wellen sind, sondern Druckwellen. Das ist auch der Grund dafür, warum dich im Weltall keiner schreien hört: Druckwellen brauchen ein Medium, wie zum Beispiel Luft oder auch Wasser, in dem sie sich ausbreiten können. Elektromagnetische Wellen hingegen können sich auch im Vakuum des Weltalls ausbreiten – zum großen Glück für die Satellitentelekommunikation und einer weiteren Radiowellentechnologie, die aus unserem Alltag heute nicht mehr wegzudenken ist: GPS (Globales Positionsbestimmungssystem).

GPS und die damit verbundene Satellitennavigation hat mich schon so manches Mal aus der Bredouille befreit: bei der Hostel-Suche in Asien, der langen Wanderung im Nirgendwo in den chilenischen Anden oder auch einfach der Stauumfahrung in München. Tatsächlich ist das Navi inzwischen zu einem festen Bestandteil unseres modernen Lebens geworden. Ich weiß gar nicht mehr, wie ich früher zurechtgekommen bin ohne den blauen Punkt auf meinem Smartphone, der mir genau anzeigt, wo ich bin – und wo ich hinmuss. Wahrscheinlich habe ich mich einfach viel verlaufen und verfahren (und dabei manchmal Unerwartetes entdeckt, aber das ist eine andere Geschichte).

Die Technologie hinter der Positionsbestimmung ist vom Konzept her so einfach wie technisch aufwändig und beruht darauf, dass die Ausbreitungsgeschwindigkeit elektromagnetischer Wel-

len immer gleich ist: Sie sind nämlich mit der Lichtgeschwindigkeit von etwa 300 000 Kilometern pro Sekunde unterwegs. Wenn
ich nun ein Radiosignal von einem Sender (wie zum Beispiel einem Satelliten) zu einem Empfänger (wie zum Beispiel einem
Smartphone) schicke und messe, wie lange das Signal unterwegs war, kann ich die Entfernung zwischen den beiden bestimmen. Wenn ich einen zweiten und dritten Sender hinzuziehe und
auch diese Entfernungen messe, bekomme ich eine Positionsbestimmung im dreidimensionalen Raum. Ein Gleichungssystem
mit drei Unbekannten, das kennen wir doch alle noch aus dem
Matheunterricht?

Tatsächlich sind aber vier Satelliten nötig, um eine genaue
Positionsbestimmung zu erzielen, und das liegt an einer weiteren Unbekannten: der Zeit. Klar, mein Smartphone hat eine Uhr,
die so schlau ist, dass sie sogar die Zeitumstellung im Frühjahr
und Herbst für mich übernimmt. Aber sie geht einfach nicht genau genug für eine gute Positionsbestimmung via GPS. Eine Zeit-
ungenauigkeit von nur 0,00001 Sekunden hat eine Positionsun-
genauigkeit von 3 Kilometern zur Folge – die Radiowellen sind
einfach wahnsinnig schnell unterwegs. Und mit einer GPS Posi-
tionsungenauigkeit von 3 Kilometern brauchen wir gar nicht erst
anzufangen – da kann ich mich genauso gut nach der Sonne orientieren wie nach meinem Handy. (Was übrigens erstaunlich gut
klappen kann, wenn man sich an den Kinderreim zu den Him-
melsrichtungen erinnert. Im Osten geht die Sonne auf – und
so weiter. Funktioniert aber natürlich nur, wenn man die Sonne
auch sehen kann.)

Weil nun die genaue Zeitmessung so wichtig ist, haben die
GPS Satelliten (im Gegensatz zum Smartphone) Atomuhren an
Bord. Somit kann der vierte Satellit aus der Positionsbestimmung der anderen drei Satelliten und der eigenen Entfernungs-
messung zum Smartphone dessen Uhrenfehler berechnen und

korrigieren. Und ich freue mich, weil ich es so pünktlich zu meiner Verabredung im richtigen Café schaffe und nicht in dem zwei Straßen weiter lande.

Radiowellen sind optimal für die Übertragung durch Satelliten, weil unsere Atmosphäre in dem Wellenbereich (zumindest für Wellenlängen kleiner als circa 10 Meter) komplett durchsichtig ist und die Strahlung ohne Probleme zur Erdoberfläche und zurück gelangen kann. Das ist beileibe nicht für alle elektromagnetische Wellen der Fall, wie wir noch sehen werden. Und dieses Fenster steht natürlich nicht nur offen für menschengemachte Radiosignale von Satelliten, die unsere Erde umkreisen, sondern auch für Radiosignale von weit draußen, aus den Weiten des Weltalls. Und nein, damit meine ich keine kleinen grünen Männchen, die sich als Frühstücksmoderatoren versuchen. Sondern das Universum, das uns seine dunkelsten Geheimnisse preisgibt. Klingt leicht esoterisch, ist aber knallharte Wissenschaft.

Galaktische Funkfeuer

Im Vergleich zu kurzwelligerer Strahlung können Radiowellen nicht nur unsere Atmosphäre, sondern auch Materie relativ ungehindert durchdringen. Das kommt uns, wie wir schon gesehen haben, auf der Erde beim Rundfunk zugute, ist aber auch extrem praktisch, wenn wir durch interstellare Materie hindurch weit in den Kosmos schauen wollen. Das Zentrum unserer Galaxie zum Beispiel wird bei sichtbaren Wellenlängen vom interstellaren Gas und Staub komplett verschleiert, leuchtet dagegen im Radiowellenbereich erstaunlich hell. So hell, dass es dem Radioingenieur Karl Jansky Anfang der 1930er Jahre bei seinen Untersuchungen zum statischen Rauschen in der transatlantischen Radiokommunikation auffiel. Er fand heraus, dass dieses statische Rauschen nicht nur bei Gewittern, sondern auch alle 23 Stunden und 56 Minuten deutlich zunahm. Astronomen werden da sofort hellhörig:

23 Stunden und 56 Minuten entspricht nämlich einem Sterntag. Das ist die Zeit, die ein Fixstern braucht, um einen vollen Kreis am Himmel zu beschreiben und wieder an der gleichen Stelle beobachtet werden zu können.

Ein Sterntag ist (wie dir wahrscheinlich sofort aufgefallen ist) vier Minuten kürzer als ein Sonnentag. Da die Erde sich nicht nur einmal am Tag um sich selbst dreht, sondern auch einmal im Jahr um die Sonne kreist, muss sie sich jeden Tag ein kleines bisschen mehr als 360 Grad drehen, um der Sonne genau die gleiche Seite zuzuwenden. Diese Extradrehung dauert vier Minuten und macht den kleinen, aber feinen Unterschied zwischen einem Sonnen- und einem Sterntag aus. Und ist der Grund dafür, warum sich der Nachthimmel im Laufe eines Jahres verändert: Die Sternzeit verschiebt sich einfach im Vergleich zur Uhrzeit, sodass sich auch die nachts hoch stehenden Sternbilder verschieben. So kann man bei uns in Deutschland in den warmen Monaten das Sommerdreieck, im Winter hingegen Orion bewundern.

Zum Glück hatte Karl Jansky einen Freund, der Astronom war. Denn sonst wäre er dem Ursprung des statischen Rauschens vielleicht nie auf die Schliche gekommen und wäre nie in den Genuss einer nach ihm benannten physikalischen Einheit gekommen. Das Jansky wird in der Radioastronomie für die spektrale Flussdichte verwendet und ist vielleicht nicht ganz so geläufig wie die Frequenzeinheit Hertz, aber immerhin! An dieser Stelle ein kleiner Gruß an all meine Freunde, die den praktischen Nutzen meiner Arbeit noch nicht erkannt haben. Karl Jansky jedenfalls entdeckte mithilfe seines Freundes, dass das von ihm entdeckte Radiosignal aus dem Zentrum unserer Milchstraße kam – und setzte damit ganz nebenbei den Startschuss für die Radioastronomie.

Wie sich später herausstellte, ist die Milchstraße nicht die einzige Galaxie, deren Zentrum Radiostrahlung abgibt. Einige

Galaxien leuchten im Radiowellenlängenbereich sogar sehr viel heller als im sichtbaren Licht und werden deswegen kurzerhand als Radiogalaxien bezeichnet. Radiogalaxien sind große elliptische Galaxien mit einem aktiven galaktischen Kern, durch den teils extrem starke Radiostrahlung erzeugt wird. Diese entsteht durch die Ablenkung und Beschleunigung hochenergetischer, geladener Teilchen in einem starken Magnetfeld und wird auch Synchrotronstrahlung genannt.

Jetzt klingelt es wahrscheinlich bei den Physikerinnen. Alle Nicht-Physiker stellen sich eines dieser Salatschleudergeräte vor, in dem ein noch ziemlich nasser Salat (ich persönlich mag gerne Feldsalat, aber stell dir gerne deinen Lieblingssalat vor) herumgeschleudert wird. Durch die Beschleunigung der wassergeladenen Salatblätter löst sich das Wasser und spritzt in Richtung der Drehung heraus[6]. Fertig ist unsere hausgemachte, sehr nasse Strahlung – sowie ein gesunder Snack zur Stärkung der grauen Zellen. Echte Synchrotronstrahlung wird auf der Erde in Teilchenbeschleunigern (in Deutschland zum Beispiel BESSY in Berlin oder DESY in Hamburg) erzeugt und für die unterschiedlichsten Experimente in Bereichen wie Biophysik, Materialwissenschaften oder Mineralogie verwendet. In Radiogalaxien entsteht sie durch die Wechselwirkung zwischen den beidseitig aus dem aktiven galaktischen Kern herausschießenden Jets (Materiestrahlen) und der intergalaktischen Materie.

„Jets" klingt nach Düsenflugzeugen und vor allem nach viel Energie, die ja irgendwo herkommen muss. Bei Flugzeugen kommt sie von der Turbine; bei aktiven galaktischen Kernen stammt die Energie von einem gigantischen schwarzen Loch im Zentrum der Galaxie. Das schwarze Loch zieht wie ein Strudel alles Gas und Staub aus der unmittelbaren Umgebung an und bildet um sich herum eine sich drehende sogenannte Akkretionsscheibe aus dem angestauten Material. Akkretionsscheiben gibt

Die Radiogalaxie *Herkules A* mit ihren spektakulären Jets. Das Bild wurde zusammenge-setzt aus Radio-Daten (pink eingefärbt, aufgenommen mit dem VLA) und einer optischen Aufnahme (aufgenommen mit *Hubble*).

es im Universum in unterschiedlichen Größen und Farben und sie werden uns auf unserer Reise noch öfter begegnen. Im Falle des aktiven galaktischen Kerns entsteht durch das Einfallen des Materials auf die Akkretionsscheibe sehr viel Energie, die zum Teil in eng gebündelten Material-Jets senkrecht zur Akkretions-scheibe ausgestoßen wird.

Wie bei einer überanstrengten Zeichentrickfigur, die über die Ohren ordentlich Dampf ablässt. Da die Teilchen in den Jets hochenergetisch und geladen sind und zudem um das schwarze Loch herum ein starkes Magnetfeld existiert, entsteht Synchro-tronstrahlung, wenn die Teilchen auf das umliegende interga-laktische Gas treffen und es teilweise mitreißen. Die entstehen-den länglichen Radioemissionszonen (im Englischen *radio lobes* genannt) kann man weit über die Galaxie hinaus beobachten – sie können Zehntausende bis Millionen von Lichtjahren groß sein und übertreffen die Leuchtkraft der eigentlichen Galaxie um das hunderte Millionen- bis einige Milliardenfache. Kein Wunder also, dass diese Galaxien sich besonders zur Beobachtung im Radiowellenlängenbereich eignen – man kann sie dort einfach am besten sehen!

Als hellste Radioquellen im Universum können Radiogalaxien wie Weihnachtslichter an einem ansonsten dunklen Baum auch aus großer Entfernung gesehen werden und sind damit ideale Marker für die Verteilung von Galaxien und Galaxienclustern im Universum. Sie werden auch dazu benutzt, die Verteilung der intergalaktischen Materie zu untersuchen. Wie Nebelscheinwerfer, mit deren Hilfe man erkennen kann, wie dick der Nebel ist und wo sich besonders dichte Schwaden gebildet haben. Inzwischen kennen wir mehrere Hunderttausend solcher Galaxien und ständig werden neue entdeckt. Einige Hundert davon werden als Riesen-Radiogalaxien klassifiziert und sind, wie der Name schon vermuten lässt, einfach riesengroß: Deren *radio lobes* sind bis zu 100-mal so groß wie unsere Milchstraße[7]!

Allein das ist unvorstellbar. Darüber hinaus sind diese Riesen wissenschaftlich gesehen besonders interessant, weil sie die ältesten Radiogalaxien darstellen. Denn bis die ausgestoßenen Teilchen es so weit weg vom aktiven Galaxienkern schaffen, dauert es seine Zeit … mindestens einige hundert Millionen Jahre!

Wie genau aktive Radiogalaxien entstehen, ist noch nicht abschließend geklärt. Jede etwas größere Galaxie, inklusive unserer Milchstraße, hat im Zentrum ein supermassives schwarzes Loch. Und auch das Zentrum unserer Milchstraße gibt Radiostrahlung ab (wie ja schon Karl Jansky entdeckt hat), ist aber definitiv keine aktive Galaxie (sondern eher eine verhungert-lethargische, wie wir im Kapitel *Violett* sehen werden).

Damit aus einer normalen Galaxie eine aktive Radiogalaxie wird, muss sehr viel Staub und Gas auf die Akkretionsscheibe um das schwarze Loch treffen – das könnte zum Beispiel beim Zusammenprall zweier Galaxien passieren. Es kann aber auch sein, dass normale Galaxien immer mal wieder aktive Phasen haben und dann wieder ruhiger werden. Wie pubertierende Teenager. Eine spannende, noch offene Frage ist, was die Pubertier-Aktivität mit ihrer Umgebung macht. Im schlimmsten Fall – und die Eltern von Teenagern müssen jetzt ganz stark sein – zerstört sie langsam, aber sicher ihre Heimatgalaxie, weil die durch die Energie freigesetzte Hitze womöglich die Entstehung neuer Sterne verhindert. Es könnte aber auch sein, dass in manchen Fällen wieder bessere Bedingungen für die Geburt neuer Sterne geschaffen werden. Um das zu klären, müssen wir möglichst viele Radiogalaxien in unterschiedlichen Entwicklungsstadien untersuchen. Höchstwahrscheinlich haben wir bis jetzt nur die Spitze des Eisbergs gesehen. Forschende gehen davon aus, dass wir in den nächsten Jahren noch sehr viel mehr normale und auch riesige Radiogalaxien entdecken – mit einer neuen Generation von Radioteleskopen.

Ich seh' was, was du nicht siehst!

Beobachtungen im Radiowellenbereich gestalten sich etwas anders als klassische astronomische Beobachtungen im sichtbaren (optischen) Bereich, wofür seit Jahrhunderten Teleskope mit Spiegeln und Linsen benutzt werden. Wenn du dir ein Teleskop vorstellst, ist es bestimmt ein solches optisches Teleskop – oder nicht? Seit dem 1997er Hollywood-Blockbuster *Contact* sind auch Radioteleskope – oder Radioantennen – allgemein bekannter geworden. Ich muss sagen, dass ich das dem Film hoch anrechne: Er hat die Radioastronomie – und die Astronomie generell – salonfähig gemacht.

Vor *Contact* fanden meine Teenager-Freundinnen meine Faszination für den Weltraum im besten Fall etwas gewöhnungsbedürftig und im schlimmsten Fall so uncool, dass ich nicht darüber sprechen durfte, schon gar nicht vor den Jungs. Nachdem der

Film dann in den Kinos abräumte, färbte etwas von Jodie Fosters Glanz auf mich ab: Ich war plötzlich diejenige, die möglicherweise mal Aliens entdecken würde – und das durften auch ruhig die Jungs erfahren!

Auf die Aliens kommen wir gleich noch mal zu sprechen, jetzt schauen wir uns erst mal Radioteleskope genauer an. Sie sehen schon auf den ersten Blick ganz anders aus als optische Teleskope, eher wie riesige Satellitenschüsseln – das sind die Parabolantennen, die für kürzere Radiowellen und auch im Mikrowellenbereich verwendet werden. Für lange Radiowellen mit mehr als ein paar Metern Wellenlänge werden Empfänger verwendet, die mit Teleskopen, wie man sie sich vorstellt, kaum noch etwas zu tun haben und eher an die TV-Antennen erinnern, wie wir sie früher bei uns auf dem Dach hatten.

Radioteleskope sind generell sehr viel größer als optische Teleskope: weil sie es sein müssen – und erfreulicherweise auch so groß gebaut werden können. Sie müssen zum einen groß sein, weil die interessanten Radioquellen des Weltalls meist sehr weit entfernt und damit auch sehr schwach sind. Mit einer größeren Schüssel fängt man mehr ein als mit einer kleinen, klar. Wenn ich Trinkwasser für eine ganze Stadt brauche, baue ich ja auch einen riesigen Stausee, anstatt nur ein Glas zum Wassersammeln in den Regen zu stellen. Zum anderen werden die Bilder von Radioteleskopen aufgrund der sehr viel längeren Wellenlänge schwammiger und unschärfer als die Bilder von optischen Teleskopen.

Das ist, wie wenn ich mit einem dicken Pinsel male – damit werde ich niemals so feine Details zeichnen können wie mit einem gut gespitzten Bleistift. Außer ich nehme als Leinwand anstatt meines DIN-A4-Blattes gleich eine ganze Hauswand und skaliere mein Gemälde einfach hoch. Bei Radiowellen ist in der Analogie der Pinsel so dick, dass oft selbst Teleskope mit mehreren Hundert Metern Durchmesser als Leinwand nicht ausreichen – und viele einzelne Antennen zu einem virtuellen Riesenteleskop zusammengeschaltet werden müssen, um ein gutes Bild zu erzeugen. Über diese Technik, die Interferometrie, sprechen wir im nächsten Kapitel, wenn wir uns mit Mikrowellen beschäftigen, noch ausführlicher.

Die größeren Wellenlängen haben aber nicht nur Nachteile, sondern auch einen entscheidenden Vorteil: Die Teleskope müssen nicht so genau arbeiten wie bei optischen Wellen. Das erleichtert zum einen die Zusammenschaltung vieler Antennen via Interferometrie erheblich. Zum anderen muss die Parabol-Form der Schüsseln auch nicht ganz so perfekt sein und kleine Kratzer stören die Beobachtungen nicht sonderlich. Wobei „nicht ganz so perfekt" relativ ist: Abweichungen von der perfekten Parabol-Form der Schüssel, die die ankommende Strahlung bündelt, sollten auch bei Radioteleskopen kleiner als ungefähr ein Millimeter sein. Also auch nichts für Grobmotoriker.

Bei optischen Teleskopen dürfen die Abweichungen allerdings nur im zweistelligen Nanometer-Bereich liegen, also eher 0,00001 Millimeter! Das ist noch mal eine ganz andere Hausnummer – und ein wichtiger Grund, warum Radioantennen bautechnisch sehr viel größer sein können als optische Teleskope. Die größte Radioantenne der Welt (das FAST Teleskop in China) zum Beispiel hat einen Durchmesser von 500 Metern, allerdings ist sie unbeweglich. Lediglich die Form der Schüssel kann verändert werden, um einen begrenzten Bereich des Himmels rund um den Zenit zu beobachten.

Ähnlich war es bei *Arecibo*, der 300-Meter-Radioteleskop-Legende in Puerto Rico, die nicht nur unter Wissenschaftlern, sondern auch bei James-Bond-Fans Kultstatus genoss – die Szene im Bond-Film *Golden Eye*, in der Pierce Brosnan den Bösewicht nach einem erbitterten Kampf in die Schüssel stürzen lässt, ist unvergessen. Wobei es mir beim Aufprall vor allem um die Antenne leidtat. Wie jede richtige Kultfigur ereilte leider auch *Arecibo* ein tragisches Ende – nachdem es fast 60 Jahre lang treu seinen Dienst getan hatte, stürzten im Herbst 2020 über mehrere Wochen immer mehr Teile ein, bis zur totalen Zerstörung der Antenne am 1. Dezember 2020. Die Bilder der Verwüstung beschäftigten die Leute in meinen Social-Media-Kreisen wochenlang – ich habe tatsächlich erwachsene Männer deswegen weinen sehen. Und werde auch selbst nostalgisch, während ich diese Zeilen schreibe. Obwohl ich selbst das Teleskop nie besucht habe, fühlt es sich an wie das Ende einer Ära.

Zum Glück gibt es noch andere große Radioteleskope, in Deutschland zum Beispiel das 100-Meter-*Effelsberg*-Teleskop in

Das Radioteleskop *Arecibo* in Puerto Rico zu seinen besten Zeiten.

der schönen Eifel. Und tatsächlich stehen wir gerade am Anfang einer neuen Ära der Radioastronomie. Dank des technologischen Fortschritts vor allem im Bereich der Computerprozessoren und Speicherkapazitäten können immer größere, immer komplexere Radioteleskope gebaut werden. Oft sind das Interferometer, bei denen teilweise sehr viele kleinere Antennen zu einem riesigen virtuellen Teleskop zusammengeschaltet werden. Wie zum Beispiel bei LOFAR (*Low Frequency Array*), bei dem je 192 Antennen an gut 50 Stationen über ganz Europa verteilt stehen. Und hier spreche ich wirklich von Antennen im handelsüblichen Sinn: Es handelt sich um einfache Drahtpyramiden, die keine 2 Meter hoch sind – dafür aber sehr viel günstiger herzustellen sind als Parabolantennen. Bei insgesamt 10 000 Antennen nicht ganz unwichtig!

Und bei den langen Wellenlängen von ungefähr 1 bis 10 Metern, die von LOFAR beobachtet werden, reichen diese einfachen Antennen völlig aus. Denn die effektive Fläche, auf der die eintreffende Strahlung gesammelt wird, entspricht dem Quadrat der Antennenlänge – die wiederum eine ähnliche Größenordnung haben muss wie die Wellen, die sie erkennen soll. Für Wellenlängen um 1 Meter kann man also eine 1 Meter lange Antenne verwenden und die gesammelte auf 1 Quadratmeter Fläche eintreffende Strahlung messen. Das ist relativ effektiv.

Bei Wellenlängen von 10 Zentimetern hingegen fängt man nur die auf 10 Quadratzentimeter eintreffende Strahlung ein, also nur ein Hundertstel so viel. Ein Unterschied wie zwischen Regenwassersammeln im Planschbecken und im Bierglas. Weil das Wassersammeln im Bierglas aber ziemlich ineffektiv ist, benutzt man bei kleineren Wellenlängen eine Parabolantenne, um die auf die Schüssel einprasselnde Strahlung zu sammeln und zu bündeln. Man stellt sozusagen das Planschbecken in den Regen, um das aufgefangene Wasser dann ins Bierglas zu kippen. Das ist wesentlich effektiver, als das Bierglas direkt in den Regen zu

Foto einer der LOFAR-Stationen in den Niederlanden.

stellen und ewig zu warten. Wobei es in dieser Analogie eigentlich auch Bier regnen müsste, aber egal. Die Hoffnung stirbt ja bekanntlich zuletzt.

LOFAR beobachtet die längsten Radiowellen, die uns an der Erdoberfläche erreichen – aber Radiowellen länger als ungefähr 10 Meter schaffen es nicht durch unsere Atmosphäre hindurch. Um diese zu beobachten, müssten wir entweder unsere Atmosphäre loswerden, wobei wir leider sterben würden, oder etwas sozialverträglicher einfach die Teleskope ins Weltall befördern – am besten direkt auf die dunkle Seite des Mondes. Denn dort gibt es weder eine Atmosphäre noch Störsignale von der Erde oder von Satelliten. Die dunkle Seite des Mondes ist komplett abgeschirmt von uns Menschen und damit ideal, um tief ins Weltall zu schauen. Ein Konzept für ein solches Mondteleskop gibt es bereits: das *Lunar Crater Radio Telescope,* das einen Krater auf der dunklen Seite des Mondes mit einem Durchmesser von einem Kilometer ausfüllen soll.

Dank der im Vergleich zur Erde geringeren Schwerkraft ist auf dem Mond selbst eine solch riesige Parabolantenne kein Ding der Unmöglichkeit. Laut aktuellem Plan soll dieses Megateleskop größtenteils, wenn nicht komplett von Robotern gebaut werden. Klingt nach Science-Fiction? Immerhin unterstützt die NASA die Weiterentwicklung des Konzepts finanziell, also kann man das Projekt durchaus ernst nehmen.

Der Lohn für die ganzen Mühen und Kosten wäre gewaltig: Wir könnten zum ersten Mal überhaupt in einen ganz neuen Bereich des kosmischen Regenbogens jenseits der bekannten Radiowellen schauen. Und in ein frühes Zeitalter unseres Universums blicken, über das wir so gut wie nichts wissen: das Dunkle Zeitalter, die Epoche nach der Entstehung der kosmischen Hintergrundstrahlung und vor dem Entstehen der ersten Sterne. Das Dunkle Zeitalter, beobachtet von der dunklen Seite des Mondes aus – klingt sehr düster, aber irgendwie auch romantisch.

Nicht ganz so romantisch, dafür aber absolut gigantisch ist das derzeit größte astronomische Observatorium im Bau: SKA, das *Square Kilometer Array*. Mich erinnert die Abkürzung immer an den Punkmusik-Stil, auf den ich während meines Studiums in London so stand. Damals rockte ich mit meinen Mitbewohnern im hippen Stadtteil Camden zu *Ska Punk* ab, heute sitze ich in meinem Büro im nicht ganz so hippen Garching bei München und überlege, wie ich mit SKA die Astrophysik rocken könnte. Wie sich die Zeiten ändern!

Das SKA wird ein Radioteleskop der Superlative und soll mit einer Mischung aus Tausenden Parabolantennen und bis zu einer Million einfacher Antennen auf einer Gesamtfläche von einem Quadratkilometer (daher auch der Name!) Radiostrahlen mit Wellenlängen von circa 1 Zentimeter bis 4 Meter empfangen können. Es wird sich also ein wenig mit dem Langwellenlängenbereich von LOFAR überlappen und zusätzlich den gesamten kurzwelligeren

Radiobereich bis in den Mikrowellenbereich abdecken. Die Dimensionen des SKA – eine Million Antennen, eine Million Quadratmeter – klingen fantastisch und sind es nach heutigen Maßstäben auch. Zum Vergleich: Das zur Zeit empfindlichste Teleskop, das in einem ähnlichen Wellenlängenbereich beobachtet, das *Very Large Array* (VLA) in New Mexico (USA), besteht aus nur 27 Antennen à 25 Meter.

Ein Megaprojekt wie SKA ist nur möglich durch internationale Zusammenarbeit. Es ist ein Gemeinschaftsprojekt von 15 Ländern (unter anderem Deutschland) und auch die Antennen stehen über zwei Kontinente verteilt: im südlichen Afrika und in Australien. 2023 soll der Bau des langwelligeren Teils des Interferometers abgeschlossen sein; bis 2030 sollen dann auch alle Parabolantennen stehen.

Ein großer Vorteil beim Bau von Radioteleskopen ist, dass sie im Gegensatz zu optischen Teleskopen ohne besonderen Schutz einfach draußen stehen können und dort stoisch Wind, Wetter und Sandstürmen trotzen. Und sie können auch tagsüber beobachten. Das hat mit der Sonne zu tun. Sie strahlt nämlich im Radiowellenbereich nur sehr schwach und stört unsere Beobachtung des Kosmos nicht.

Der Störenfried sind eher wir beziehungsweise unsere Radiokommunikation. Deren Strahlung ist viel stärker als die Signale, die wir aus dem Weltall empfangen – und das ist ein Problem. So wie wir auf der Erde Naturschutzgebiete brauchen, in denen bedrohte Tier- und Pflanzenarten ungestört leben können, brauchen wir in der Radioastronomie Strahlungsschutzgebiete, in denen Astronomen ungestört dem Himmel lauschen können. Hört sich lustig an, ist aber mein voller Ernst.

Deswegen stehen die großen Radioteleskope auch fernab jeglicher Zivilisation oder zumindest so gut wie möglich abgeschirmt von Störquellen. Und ohne gesetzlich festgelegte Frequenzbereiche, in denen nicht großflächig gesendet werden darf, würde die Radioastronomie langsam zugrunde gehen. Wie auch beim Klimaschutz müssen wir Betroffene laufend gegen wirtschaftliche Interessen – gekoppelt an moderne Kommunikationstechnologien, Satellitenmegakonstellationen etc. – kämpfen, damit uns die Natur erhalten bleibt.

Wie funktionieren aber nun Radioteleskope und vor allem: Wie werden die empfangenen Signale aufgezeichnet und in ein Bild verwandelt? Einfach fotografieren ist bei Radiowellen ja wohl nicht drin? Nein, in der Tat nicht. Radioempfänger wandeln stattdessen die eintreffenden elektromagnetischen Wellen in elektrische Impulse um. Diese werden extrem verstärkt (oft um das Millionenfache!) und dann aufgezeichnet. Damit das Ganze für die sehr schwachen Signale aus dem Kosmos klappt, muss die Elektrik tiefgekühlt werden, bis auf knapp über den absoluten Nullpunkt – ganz schön aufwändig! Und dann auch noch das: pro Messung bekommt man am Ende nur eine Zahl, die man als Helligkeit interpretieren kann.

Also nur einen Punkt anstatt eines ganzen Bildes. Um trotzdem ein Bild zu bekommen, wird bei einzelnen Antennen (wenn sie nicht mit Interferometrie zusammengeschaltet werden) meist eine Scanning-Technik verwendet. Dabei bewegt sich das Teleskop, sodass ein kleiner Bereich des Himmels abgetastet wird – und man dann Punkt für Punkt und Zahl für Zahl ein Helligkeitsraster beziehungsweise ein Schwarz-Weiß-Bild erstellen kann. Generell gilt: je größer das Teleskop, desto kleiner die einzelnen Punkte – und desto feinere Strukturen kann man auch im fertigen Bild erkennen.

Oft geht es bei diesen astronomischen Beobachtungen jedoch nicht nur um ein Bild, sondern auch um Spektralinformationen. Dabei wird die Intensität (oder Helligkeit) der eintreffenden Strahlung als Funktion der Wellenlänge (oder Frequenz) aufgezeichnet. Hört sich etwas abstrakt an, kann man sich aber gut wie das Zappen durch alle verfügbaren Fernsehsender der Reihe nach vorstellen.

Meistens bekommt man einen Einheitsbrei aus Reality-TV-Formaten, alten Sitcoms und Talkshows. Ab und zu aber sticht etwas hervor: manchmal positiv (*Terra X!* Nein, das soll keine Schleichwerbung sein …), manchmal negativ *(Fox News!)*. Übertragen auf die Radioastronomie wäre *Terra X* eine Emissionslinie (gibt Energie), *Fox News* eine Absorptionslinie (zieht Energie). Absorptionslinien entstehen, wie der Name schon sagt, wenn die Strahlung zum Beispiel einer Radiogalaxie von Gas- und Staubteilchen der intergalaktischen oder interstellaren Materie absorbiert wird.

Die Helligkeit der Radioemission wird dann bei dieser für die Materie typischen Wellenlänge geringer: im Spektrum sieht man eine Vertiefung. Bei einer Emissionslinie ist es hingegen so, dass die Materie bei genau dieser Wellenlänge besonders stark leuchtet: im Spektrum sieht man dann eine Spitze. Oft ist diese Spitze sogar das Einzige, was man sieht. Aus ihrer Wellenlänge kann man auf das Element schließen, mit dem man es zu tun hat – unterschiedliche Elemente strahlen nämlich in unterschiedlichen Wellenlängen.

Geheimnis um … Dunkle Materie

Eine der nützlichsten Emissionslinien, um die Verteilung von interstellarer Materie im Universum zu untersuchen, ist die 21-Zentimeter-Linie des neutralen Wasserstoffs, auch bekannt als H-Eins-Linie. Denn Wasserstoff ist das bei Weitem häufigste Element im Universum und macht ungefähr 90 % der interstellaren Materie aus. Durch Beobachtungen seiner Dichteverteilung und seiner Bewegung können wir einem der bestgehüteten Geheimnisse des Universums auf die Schliche kommen: der Dunklen Materie. Direkt gesehen hat sie noch keiner, aber wir wissen, dass sie da ist.

Wie früher das Gespenst unter meinem Bett. Mit dem kleinen, aber feinen Unterschied, dass es für die Dunkle Materie echte wissenschaftliche Belege gibt, für das Gespenst dagegen nur meine diffuse Angst. Die ich nach eingehender experimenteller Überprüfung (Resultat: Ich sehe kein Gespenst, auch nicht mit meiner Superdetektiv-UV-Lampe) als waschechte Nachwuchs-Wissenschaftlerin dann auch bald abgelegt habe. An Dunkle Materie allerdings glaube ich weiterhin – unter anderem dank Beobachtungen der H-Eins-Linie in unserer sowie anderen Galaxien.

Schematische Darstellung der Entstehung von Spektrallinien durch die Absorption und Emission von Photonen in einem Atom.

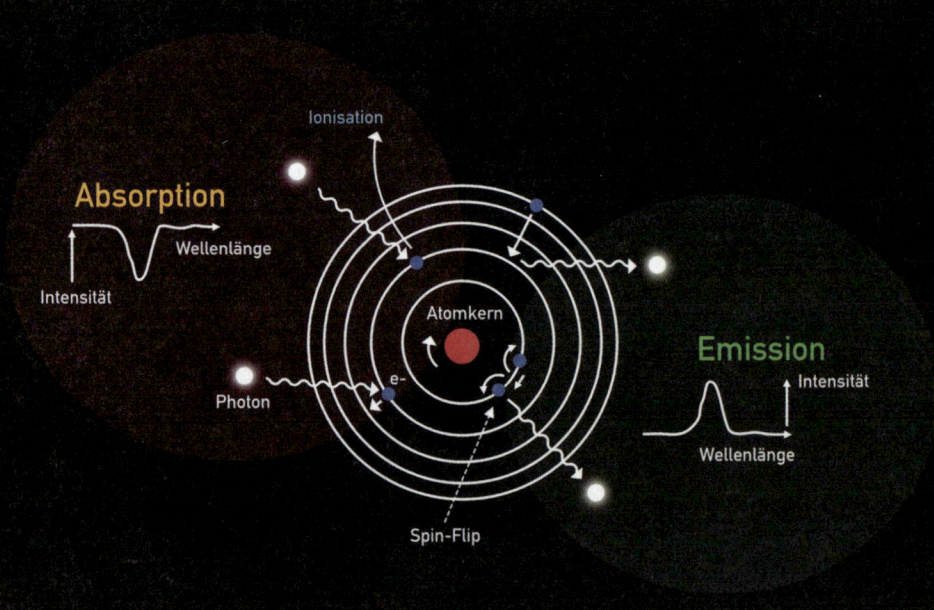

Um zu verstehen, wie die H-Eins-Linie überhaupt entsteht, müssen wir einen kleinen Exkurs in die Physik der Atome auf uns nehmen. Wasserstoff ist ja das leichteste, einfachste Element überhaupt – es besteht aus nur einem Proton und einem Elektron. Dieses Elektron kann sich innerhalb des Wasserstoffatoms auf unterschiedlichen Energieniveaus bewegen oder im Falle der Ionisation auch ganz aus dem Atom herausgekickt werden. Wenn es nun wieder ins Atom aufgenommen wird oder auf ein niedrigeres Energieniveau zurückfällt, wird Energie frei – in Form von Strahlung mit einer charakteristischen Wellenlänge. Diese hängt davon ab, wie weit zurückgesprungen wird – je größer der Unterschied zwischen den Energieniveaus, desto mehr Energie hat die Strahlung und eine desto höhere Frequenz (beziehungsweise kleinere Wellenlänge) hat die Emissionslinie.

Vereinfacht kannst du dir das Ganze vorstellen wie einen Apfel, der dir auf den Kopf fällt: Je länger er fällt, mit desto mehr Energie prallt er auf deinen Schädel – und desto mehr tut es weh. Beim Wasserstoffatom entstehen bei diesem „Herunterfallen" des Elektrons Spektrallinien im UV-Bereich, im sichtbaren oder im Infrarotbereich, also bei viel kleineren Wellenlängen (und dementsprechend höheren Energien) als bei der Radiostrahlung. Diese Linien werden uns in späteren Kapiteln dieses Buches immer wieder begegnen, deswegen erwähne ich sie hier. Die H-Eins-Linie allerdings entspricht einem sehr kleinen Energieunterschied des Atoms, denn sie entsteht nicht beim Übergang des Elektrons von einem Energieniveau zum anderen, sondern bei einer Änderung der Rotation des Elektrons relativ zur Rotation des Protons, einem sogenannten Spin-Flip. Dabei ist das Elektron schon auf dem niedrigsten Energieniveau, rotiert aber in die gleiche Richtung wie das Proton. Wenn diese Rotation sich umkehrt, wird eine winzige Menge Energie frei – und die beobachten wir als Emissionslinie im Radiowellenlängenbereich bei 21 Zentimetern Wellenlänge. In der Apfelanalogie würde der Apfel sich nur drehen, anstatt dir auf den Kopf zu fallen – und die dicke Beule bliebe dir erspart. Allerdings ist es extrem unwahrscheinlich, dass ein Spin-Flip von alleine geschieht – statistisch gesehen sollte das nur alle 10 Millionen Jahre passieren! Zum Glück für uns Astronominnen gibt es in unserer und anderen Galaxien riesige Ansammlungen von Wasserstoff, in denen die einzelnen Atome immer mal wieder zusammenstoßen. Dadurch kann dann ein Spin-Flip ausgelöst werden, der die Wasserstoff-Ansammlungen für uns sichtbar macht – und zur Entdeckung der Dunklen Materie beigetragen hat. Wie der Name schon sagt, ist die Dunkle Materie vor allem eins: dunkel. Das heißt, sie strahlt in keinem uns bekannten Wellenlängenbereich und dementsprechend können wir sie nicht direkt beobachten, selbst wenn wir den gesamten kosmischen Regenbogen abtasten. Wie kommen wir dann darauf, dass es sie gibt? Die kurze Antwort: Gravitation.

Für die lange Antwort muss ich ein bisschen ausholen und etwas in der Zeit zurückkreisen. Und zwar bis ins Jahr 1618. Damals entdeckte Johannes Kepler sein drittes Gesetz, das die Umlaufzeiten der Planeten unseres Sonnensystems mit ihrer Entfernung zur Sonne in Verbindung bringt: Je weiter entfernt der Planet vom Massezentrum der Sonne kreist, desto langsamer wird er. So bewegt sich Merkur, der sonnennächste Planet, mit 47 Kilometern pro Sekunde um die Sonne, Pluto hingegen mit 4,7 Kilometern pro Sekunde, also nur ein Zehntel so schnell. Und das liegt nicht daran, dass er entnervt aufgegeben hat, als er zum Zwergplaneten degradiert wurde – sondern er beugt sich einfach den Gesetzen der Physik. Beziehungsweise in diesem Fall den Gesetzen Keplers. Ich finde, Johannes Kepler hätte eine nach ihm benannte Einheit verdient, aber da gab es ja noch Isaac Newton. Und immerhin: die Keplerschen Gesetze kennt (hoffe ich) auch jedes Schulkind.

So weit, so gut.

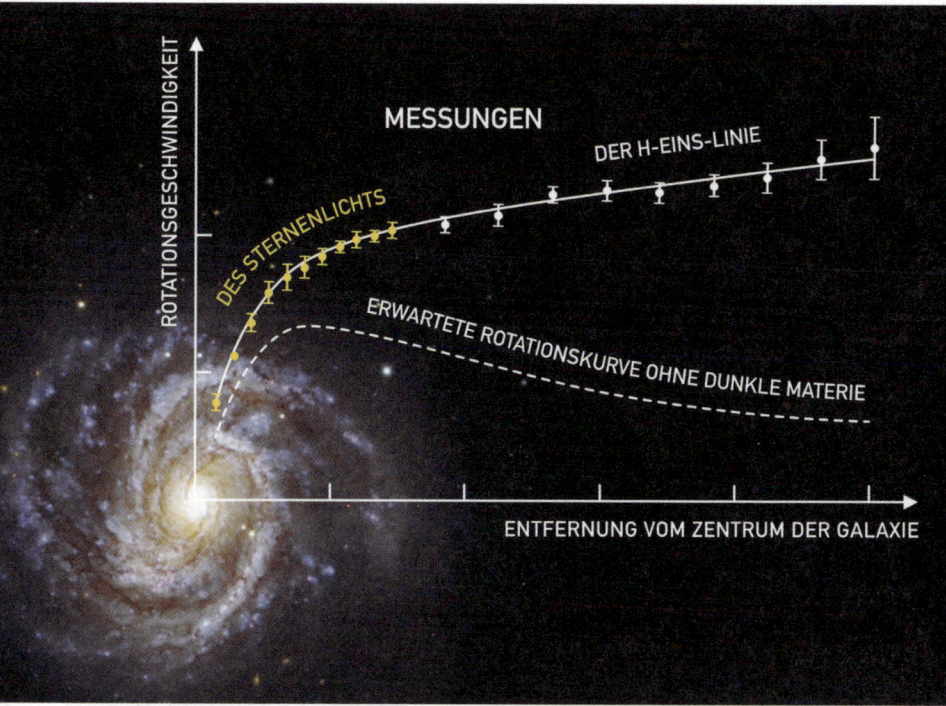

Der Unterschied zwischen der beobachteten Rotationskurve einer Galaxie und der aufgrund der Keplerschen Gesetze erwarteten Rotationskurve lässt auf das Vorhandensein von Dunkler Materie schließen.

Was hat das jetzt mit Dunkler Materie oder irgendwelchen Spin-Flips zu tun? Während sich Pluto und alle anderen Planeten, Zwergplaneten und sonstige Gesteinsbrocken in unserem Sonnensystem und anderen Sternsystemen brav Kepler und seinen Gesetzen beugen, denken Galaxien gar nicht daran! Anstatt auf Kepler zu hören und nach außen hin, weg vom Masseschwerpunkt immer langsamer zu werden, bewegt sich die Materie weiter draußen genauso schnell oder sogar etwas schneller als in der Nähe des Zentrums. Skandal! Und das kam nur raus, weil die Bewegung der Wasserstoff-Ansammlungen in Galaxien mit unserer inzwischen lieb gewonnenen H-Eins-Linie gemessen werden konnte. Natürlich kann man sich auch die Bewegung der Sterne anschauen – und das wird im inneren Teil von Galaxien auch getan – aber weiter draußen am Rande der Galaxie gibt es kaum hell leuchtende Sterne mehr, dafür Wasserstoff-Ansammlungen. Und deren Bewegungen können wir mit der scharfen H-Eins-Linie sehr genau nachverfolgen. Denn je nachdem, ob der Wasserstoff sich von uns weg oder zu uns hin bewegt, verändert sich die Frequenz der Linie ein wenig.

Das ist wie beim Martinshorn: bewegt sich das Polizeiauto auf dich zu, hörst du ein recht hohes Tatütata. Sobald es an dir vorbeigefahren ist, werden die Töne tiefer, die Frequenz nimmt ab. TATÜÜÜTATAA. Nur wenn es bei dir stehen bleibt, hörst du genau die Töne, die das Martinshorn aussendet. Aber in dem Fall hast du wahrscheinlich andere Probleme, als dir Gedanken über diesen coolen Effekt, die Doppler-Verschiebung, zu machen.

Die Millionen-Euro-Frage ist natürlich, *warum* sich Galaxien nicht an die Gravitationsgesetze halten, die man aufgrund der Masseverteilung der sichtbaren Materie (Sterne, Staub, Gas usw.) erwarten würde. Als bis jetzt plausibelste Antwort hat sich die Existenz einer Dunklen Materie etabliert. Diese (immer noch hypothetische!) Masse unterliegt wie auch die normale, sichtbare Materie den Gesetzen der Gravitation, ist aber unpraktischerweise unsichtbar. Um die Messungen der H-Eins-Linie in unserer Milchstraße erklären zu können, müsste die Dunkle Materie 95 % der gesamten Materie der Galaxie ausmachen und sich in einem Ellipsoid befinden, das weit über die Grenzen des sichtbaren Teils hinausgeht – dem dunklen Halo. Das würde heißen, wir können nur 5 % unserer Galaxie sehen! Rückblickend hätte ich das Gespenst unter meinem Bett wohl nicht nur einem Licht-, sondern auch einem Gravitationstest unterziehen sollen ...

Signale aus den Tiefen des Weltalls

Die H-Eins-Linie hilft nicht nur, Dunkle Materie und Gespenster aufzuspüren – sondern möglicherweise auch Aliens! Und das meine ich im Gegensatz zu den Gespenstern durchaus ernst. Seit den 1960ern suchen Wissenschaftler mit Radioteleskopen systematisch nach Signalen von Aliens. Viele dieser SETI-(Suche nach Extra-Terrestrischer Intelligenz) Projekte arbeiten mit der H-Eins-Linie bei 21 Zentimetern. Zum einen kann sie als Radiostrahlung relativ ungehindert Staub und Gas durchdringen. Somit könnten solche Signale uns auch aus staubigen Ecken des Weltalls erreichen, wie zum Beispiel dem inneren Teil der Milchstraße. Zum anderen ist es nicht komplett blöd, davon auszugehen, dass genau diese Wellenlänge von intelligenten außerirdischen Zivilisationen beobachtet oder auch aktiv zur Kontaktaufnahme verwendet werden könnte – die H-Eins-Linie ist immerhin eine fundamentale Messgröße des wichtigsten Baustoffes unseres Universums.

Wir Menschen jedenfalls würden ein an uns gerichtetes Signal bei 21 Zentimetern eher entdecken als bei den meisten anderen Wellenlängen, einfach weil wir dort viele astronomische Beobachtungen machen. Und natürlich gehen wir davon aus, dass die Aliens ähnlich ticken wie wir – wir kennen ja schließlich nur uns selbst.

Die Rechnung schien 1977 tatsächlich aufzugehen: Beim Auswerten der SETI-Daten des *Big-Ear*-Radioteleskops in den USA fand der Astronom Jerry Ehman auf dem Computerausdruck eine Buchstaben-Zahlen-Kombination, die seitdem als „Wow!"-Signal internationale Berühmtheit erlangte. Ehman hatte mit genau diesem Wort und rotem Kugelschreiber seine überschwängliche Begeisterung ausgedrückt. Der Auslöser: „6EQUJ5". Das ist nicht etwa cleverer Aliencode für „Wir sind hier", sondern eine Intensitätsmessung, die vom Computer so ausgespuckt wurde. Und die entspricht einem plötzlich auftretenden kurzen, starken Radiosignal bei 21 Zentimetern – also genau das, was wir von Aliens erwarten würden, wenn sie mit uns in Verbindung treten wollten! Klar, dass die Aufregung groß war. Das „Wow!"-Signal erschien seitdem in mehreren Science-Fiction-Filmen, wurde unter anderem von den Dandy Warhols besungen (*SETI vs. the Wow! Signal* – das perfekte Lied für die nächste Space-Motto-Party!) und wurde 2019 sogar mit einem Dokumentarfilm gefeiert. Es ist bis heute das vielversprechendste mögliche Aliensignal überhaupt und konnte nie wirklich zufriedenstellend erklärt werden. Allerdings wurde es trotz mehrerer Versuche über zwei Jahrzehnte hinweg auch nie wieder gesehen. Entweder haben die Aliens sehr schnell aufgegeben oder das Signal war einfach ein irrer kosmischer Zufall. Zum Beispiel ein von der Erde aus gesendetes Radiosignal, das von einem Stück Weltraumschrott zurückreflektiert wurde. Dann wären die vermeintlichen Aliens ... nur wir selbst!

Manchmal verbergen sich hinter Radiosignalen, die anfangs für die Kontaktversuche Außerirdischer gehalten wurden, aber auch astrophysikalische Sensationen. 1967 fiel der Cambridge-Doktorandin Jocelyn Bell bei ihrer Suche nach Radioquellen ein extrem regelmäßig wiederkehrendes Signal auf: alle 1,337 Sekunden gab es einen Strahlungsschub. Das konnte doch unmöglich natürlichen Ursprungs sein!

Natürlich dachten Bell und ihr Doktorvater Antony Hewish (nachdem sie irdische Quellen wie vorbeifahrende Autos oder auch Signal-Reflexionen ausgeschlossen hatten) an *Little Green Men* (kleine grüne Männchen) – und nannten die Quelle kurzerhand LGM-1. Klingt hochwissenschaftlich, erwies sich aber relativ bald als ungeeigneter Name. Tatsächlich hatte Jocelyn Bell nämlich den allerersten Pulsar entdeckt – ein exotisches Überbleibsel eines massereichen Sterns. Am Ende seines Lebens war dieser Stern als Supernova explodiert und zu einem magnetischen, sich sehr schnell drehenden Neutronenstern gewor-

Künstlerische Visualisierung eines Pulsars.

den, umgeben von einem heißen, ionisierten Gasnebel. Ein starkes Magnetfeld, eine sich drehende Masse und beschleunigte, geladene Teilchen: Das kennen wir doch irgendwoher? Genau! Ähnlich wie Radiogalaxien erzeugen Pulsare starke Synchrotronstrahlung-Jets. Durch die schnelle Drehung des Neutronensterns streichen die wie der Lichtkegel eines Leuchtturms immer wieder über den Beobachter. Der sieht dann jedes Mal, wenn der Lichtkegel in seine Richtung zeigt, ein kurzzeitiges Aufblitzen. Genau wie Bell und Hewish in ihren Daten.

Die Entdeckung des ersten Pulsars war für die breite Öffentlichkeit vielleicht nicht so aufregend wie eine Nachricht von einer extraterrestrischen Zivilisation, für Wissenschaftler aber so spannend, dass für diese Entdeckung 1974 der Physik-Nobelpreis verliehen wurde – allerdings nur an Antony Hewish. Jocelyn Bell ging leer aus, obwohl sie diejenige war, die das Signal zuerst entdeckt hatte.

Immerhin wurde sie 2007 nachträglich von der Queen geadelt. Ich muss bei der Geschichte an meinen eigenen Doktorvater Gilles denken, der so etwas niemals zugelassen hätte – wahrscheinlich hätte er sich schlicht geweigert, den Preis anzunehmen, wenn mein Beitrag nicht adäquat gewürdigt worden wäre. In unserer Wissenschaftsgruppe trug er den Spitznamen „Elefantenmama", weil er fuchsteufelswild wurde, sobald jemand seine Studentinnen kritisierte oder (seiner Meinung nach) unfair behandelte. Als ich mein erstes Paper einreichte, hatte der wissenschaftliche Begutachter einige Kritikpunkte, die durchaus etwas netter hätten formuliert werden können, aber aus meiner heutigen Sicht zumindest teilweise berechtigt waren. Die Heftigkeit der Antwort, die Gilles daraufhin schrieb, bringt mich noch heute zum Grinsen – und mein Paper wurde daraufhin so gut wie unverändert publiziert.

Ist jemand da draußen?

Die Suche nach Aliens übt nach wie vor eine riesige Faszination auf Menschen aus – auch auf diejenigen, die sonst mit Weltraum und Astronomie nichts am Hut haben. Nicht umsonst haben Millionen von Menschen weltweit *SETI@home*-Bildschirmschoner benutzt und so mit der Rechenleistung ihres Computers zur Suche nach versteckten Alien-Signalen in Radioteleskopdaten beigetragen, bis das Projekt 2020 vorerst eingestellt wurde. Und auch bei meinen Vorträgen werde ich immer wieder gefragt, ob ich an die Existenz von Aliens glaube (ja), ob ich denn keine Angst habe, im Weltraum auf Aliens zu treffen (nein), und ob wir nicht schon längst welche entdeckt haben, es der Allgemeinbevölkerung aber aus einem nicht nachvollziehbaren Grund verschweigen (kein Kommentar). Und auch in Science-Fiction-Filmen und -Serien geht es ständig um Außerirdische – vom süßen, hilflosen ET bis hin zu den kalten, überlegenen Maschinenwesen der Borg ist alles geboten.

Wir sind regelrecht besessen von der Frage nach intelligentem extraterrestrischem Leben. Auf der einen Seite ist da diese zutiefst menschliche Hoffnung, irgendwie nicht allein zu sein in diesem riesigen Universum. Und auf der anderen Seite die Angst, von Außerirdischen überrannt und ausgelöscht zu werden. Als das *Arecibo* Teleskop 1974 dazu benutzt wurde, erstmals ein codiertes Radiosignal hinaus in den Kosmos zu schicken, hagelte es Kritik. Was, wenn die Aliens dort böse Absichten uns gegenüber hegten? Und wir sie mit unseren Signalen auf uns aufmerksam gemacht hätten? Ich muss über solche Sorgen schmunzeln. Meiner Meinung nach schaffen wir Menschen es auch ganz gut ohne extraterrestrische Hilfe, uns auszulöschen. Ob durch Kriege, ungerechte Ressourcenverteilung oder den Klimawandel. Gäbe es tatsächlich feindlich gesinnte Aliens, die uns technologisch so weit überlegen wären, dass sie zu uns gelangen könnten: warum sollten sie sich die Mühe machen?

Ich an ihrer Stelle würde einfach ganz entspannt abwarten, bis sich das Problem von selbst erledigt. In unserem derzeitigen Entwicklungsstadium wären wir keine Gefahr und aller Wahrscheinlichkeit nach auch nicht sonderlich interessant für irgendwelche abstrusen Experimente. Aber ich gehe sowieso davon aus, dass eine dermaßen technologisch hochentwickelte außerirdische Zivilisation auch sozial und gesellschaftlich etwas weiter wäre als wir. Und gar nicht auf die Idee kommen würde, uns plattzumachen oder für ihre Zwecke zu missbrauchen – sondern eher versuchen würde, einen Diskurs herzustellen, damit zwei komplett fremde Kulturen voneinander lernen könnten.

Also: Ich würde mich über einen Alien-Besuch freuen! Und anscheinend bin ich da nicht allein. Seit der *Arecibo*-Nachricht wurden immer wieder Radiosignale blind in Richtung irgendwelcher Sterne oder Planeten geschickt – bis jetzt haben wir allerdings noch keine Antwort bekommen.

Die große Frage ist natürlich: warum? Wollen oder können die Aliens nicht antworten? Oder sind wir womöglich doch allein im Universum? Zunächst einmal müssen wir geduldig sein. Denn selbst die nächsten Sterne sind so weit von uns entfernt, dass die von uns ausgesandten Radiosignale einige Jahre bis zu ihrem Ziel unterwegs sind. Selbst bei sofortiger Antwort der hypothetischen Aliens wäre das erste mögliche zurückgesendete Signal erst 2017 bei uns angekommen; in den nächsten Jahrzehnten könnten einige wenige weitere eintreffen. Aber ganz ehrlich: Es scheint doch ziemlich unwahrscheinlich, dass diese Handvoll mehr oder weniger zufällig auf irgendwelche Sterne und Planeten gerichteten Signale auf eine außerirdische Zivilisation treffen, die sie auch noch auffängt und als das erkennt, was sie sind. Und die nötige Technologie hat, uns zu antworten.

Da finde ich es noch plausibler, dass es anderswo hochentwickelte Zivilisationen gibt, die ihre Signale entweder zufällig kreuz und quer durchs Universum oder auch gewollt in unsere Richtung schicken. Weil sie die Erde als habitablen Planeten eingestuft haben oder sogar aufgrund der Messung unserer Atmosphäre davon ausgehen, dass es hier Leben gibt. Denn die Biosphäre beeinflusst die chemische Zusammensetzung unserer Atmosphäre bereits seit ungefähr einer Milliarde Jahren! Allerdings heißt „Leben" in dem Zusammenhang nicht unbedingt das, was wir mit intelligentem Leben meinen – die Rede ist eher von einfachen Pilzkulturen und Pflanzen.

Auf dieses einfache Leben und die Möglichkeiten, es zu entdecken, kommen wir später noch mal zu sprechen – hier beschränken wir uns auf „intelligentes" Leben und Zivilisationen, die mindestens ähnlich weit entwickelt sind wie wir. Eine Studie von 2021[8] hat berechnet, dass es innerhalb von 100 Lichtjahren (also kosmisch gesehen in unserer unmittelbaren Nachbarschaft) immerhin 29 potenziell habitable Planeten gibt, von denen aus mögliche Aliens nicht nur die Erde beobachten könnten, sondern die aufgrund menschengemachter Radiowellen auch auf die Existenz einer technologisierten Zivilisation – also unserer modernen Gesellschaft – schließen könnten.

Und mit diesen Radiowellen meine ich nicht die mit Nachrichten codierten Signale, die wir vorsätzlich Richtung Sterne geschickt haben, sondern einfach die Radiowellen, die wir auf der Erde und für die Satellitenkommunikation benutzen. Wir sind also sowieso schon sichtbar für alle in unserem Umkreis, die mit der nötigen Technik in unsere Richtung schauen, ob wir es wollen oder nicht. Allerdings erst seit ungefähr hundert Jahren, seitdem wir die Radiokommunikation entwickelt haben und nutzen.

Deswegen beschränkt sich die Entfernung, aus der wir als Zivilisation entdeckt werden könnten, auf 100 Lichtjahre – die Distanz, die unsere ersten menschengemachten Radiowellen bis jetzt zurücklegen konnten.

Einhundert Lichtjahre sind $9,5 \times 10^{14}$ Kilometer – das hört sich erst mal nach irre viel an und ist es nach menschlichem Verständnis auch. Aber im Vergleich zur Größe unseres Universums oder auch unserer Milchstraße ist es nichts. Das Zentrum unserer Milchstraße zum Beispiel ist 26 000 Lichtjahre entfernt, unsere ersten Radiowellen würden also erst in 25 900 Jahren dort ankommen, eine Antwort käme dementsprechend in frühestens 51 900 Jahren! Ob es uns Menschen und unsere Zivilisation bis dahin überhaupt noch gibt?

Die Möglichkeit besteht zumindest – wenn wir denn die Kurve kriegen, was den Klimawandel angeht. Die Dinosaurier haben schließlich 165 Millionen Jahre lang die Erde unsicher gemacht. Aber die hatten – soweit wir wissen – keine Radioteleskope und konnten auch keine Signale in den Weltraum schicken. Also sind für die Kommunikation mit Aliens tatsächlich nur die letzten 100 Jahre relevant. Im mehrere Milliarden Jahre langen Leben von

Planeten nicht mal ein hastiger Wimpernschlag. Und darin liegt zumindest einer der Gründe dafür, warum wir eben noch keinen Kontakt zu Außerirdischen hatten: das Timing.

Selbst wenn sich auf einem Großteil der potenziell habitablen Planeten irgendwann Leben entwickeln sollte, braucht es eine gewisse Zeit, bis es die Fähigkeit zur interstellaren Kommunikation ausbildet – im Fall der Erde fast 4 Milliarden Jahre. Möglich, dass es auf anderen Planeten schneller geht oder auch langsamer, dazu fehlen uns ja bis jetzt jegliche Daten. Aber gehen wir einfach mal von Pi mal Daumen 4 Milliarden Jahren aus. Wenn wir Menschen unsere jetzige Technologie weiterentwickeln und (ich bin jetzt sehr optimistisch) die Erde so lange bevölkern wie die Dinosaurier und erst dann wieder verschwinden: Selbst dann wäre die Zeitspanne, während der wir mit Aliens kommunizieren könnten, sehr kurz, relativ zur Lebenszeit unseres Planeten. Bei einer habitablen Zeitspanne der Erde von 5 Milliarden Jahren (das ist ohne den menschengemachten Klimawandel halbwegs realistisch) wäre die menschliche Technologieepoche dann wie zweieinhalb Jahre im Leben eines 90-jährigen. Und die Zeit seit dem Anfang der Radiokommunikation weniger als eine Sekunde! Ziemlich unwahrscheinlich, dass bei zwei 90-Jährigen die zweieinhalb Jahre, in denen die eine zuhört, mit der einen Sekunde überlappt, in der der andere redet. Deswegen gibt es Paartherapeuten. Und genauso ist es auch bei Planeten: damit eine Zivilisation mit einer anderen in Verbindung treten kann, müssen sie zeitlich überlappen. Vielleicht gab es vor einigen Millionen Jahren in Planetensystemen, die nur einige Lichtjahre von uns entfernt sind, eine ganze Horde von Aliens und wir haben alle paar Jahre Signale von ihnen bekommen. Die wir aber eben nur dann entschlüsselt hätten, wenn es uns und die Radioastronomie damals schon gegeben hätte.

Deswegen mein Fazit: Es ist überhaupt nicht verwunderlich, dass wir noch keine Aliens gefunden haben. Das heißt aber nicht unbedingt, dass es sie nicht gibt. Sondern vor allem, dass wir noch nicht lange genug suchen. Und unsere Technologie steckt diesbezüglich noch in den Kinderschuhen. Ich halte es für durchaus möglich, dass wir Menschen irgendwann einmal mit intelligenten Außerirdischen in Kontakt treten – nur ist es extrem unwahrscheinlich, dass es ausgerechnet zu unseren Lebzeiten passiert. Leider. Es gibt für mich kaum eine spannendere Vorstellung als die, eine Nachricht oder gar einen Besuch von einer extraterrestrischen Zivilisation zu bekommen. Aber wer weiß. Vielleicht habe ich ja unverschämtes Glück – immerhin stehen wir am Anfang einer neuen Ära der Radioastronomie. Und in der werden wir sicher vieles entdecken, von dem wir heute nicht einmal zu träumen wagen.

ORANGE

MIKROWELLEN

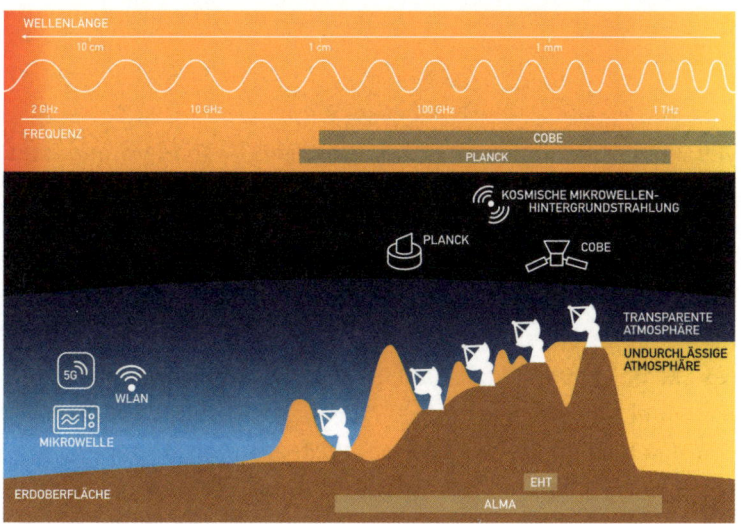

M ikrowellen fand ich schon als Kind gut – damit konnte man so leckeren Nutella-Kakao zaubern. Einfach ein halbes Glas Nutella in eine Tasse kalte Milch schaufeln, eine Minute in die Mikrowelle und fertig war der süße Schoko-Haselnuss-Traum! Ich könnte dich noch mit allen möglichen und unmöglichen Mikrowellen-Rezeptideen beglücken, aber da das hier kein Kochbuch werden soll, sehe ich mal davon ab und widme mich lieber der Physik: Was passiert eigentlich in deiner Mikrowelle zu Hause – und was hat die Mikrowellen*strahlung* damit zu tun?

Mikrowellenstrahlung ist einfach eine kurzwellige Radiostrahlung. Die Vorsilbe „Mikro" heißt „klein" – meint also dummerweise nicht, dass es sich um Mikrometer-Wellenlängen handelt (ein Mikrometer entspricht 0,001 Millimeter, solche Wellen sind also noch

STECKBRIEF

Wellenlänge: 0,3 mm – 15 cm
Frequenz: 2 GHz – 1 THz
Teleskope: ALMA, EHT, COBE, WMAP, Planck
Astronomische Quellen: kosmische Hintergrundstrahlung, protoplanetare Scheiben, Akkretionsscheiben
Anwendung: Mikrowelle, Telekommunikation

viel kürzer und liegen im Infrarotbereich!) –, sondern nur, dass die Wellenlängen im Vergleich zu den klassischen Radiowellen klein sind[9]. Das mag, wer auch immer den Begriff gewählt hat, logisch gefunden haben, aus Physikerinnen-Sicht ist es aber maximal verwirrend. Aber zurück zur Mikrowelle, wie sie in meiner Küche steht: ein eher hässliches, gelblich-weißes, ziemlich altes Exemplar, bei dem ich mich immer wieder wundere, dass es noch funktioniert.

Wenn ich nun den Startknopf drücke, werden Mikrowellen erzeugt, die im Inneren des Gerätes hin und her titschen und die Moleküle in meinem Nutella-Kakao zum Rotieren anregen – dadurch erwärmt er sich. Besonders gut funktioniert das, weil der Kakao zum großen Teil aus Wassermolekülen, also H_2O besteht. H_2O bildet durch die negative Teilladung des Sauerstoff-Atoms im Vergleich zu den beiden partiell positiv geladenen Wasserstoff-Atomen einen Dipol. Dadurch kann das elektromagnetische Feld im Inneren der Mikrowelle die Moleküle sozusagen auf einer Seite anstupsen und zum Drehen bringen. Wie die ersten Tänzer auf einer Party ziehen die rotierenden Wassermoleküle dann ihre Nachbarn mit und bald dreht es sich auf der ganzen Tanzfläche. Dabei wird es ganz schön heiß, die Nutella (ja, ich sage *die* Nutella!) schmilzt dahin und vermischt sich mit der warmen Milch – und fertig ist meine süße Sünde. Mein schlechtes Gewissen beruhige ich etwas damit, dass mein Kakao zum Großteil aus Wasser besteht – und es soll ja bekanntlich sehr gesund sein, viel Wasser zu trinken …

Aber wie ist das mit den Mikrowellen selbst? Der menschliche Körper besteht zu 70–80 % aus Wasser, und während ich mich darüber freue, dass die Moleküle in meinem Kakao rotieren, wünsche ich mir das nicht unbedingt in meinem Hirn. Oder sonst wo in meinem Körper, wenn ich ehrlich bin. Als wir Ende der 8oer Jahre bei uns zu Hause die erste Mikrowelle bekamen, saß ich oft fasziniert davor, um zu beobachten, wie der Käse auf meiner Pizzetta (Käse und Tomatensoße auf Toastbrot, eine ähnlich geniale Erfindung wie Nutella-Kakao – vielleicht sollte ich doch mal ein Mikrowellen-Rezeptbuch herausbringen!) wie von Zauberhand anfing zu schmelzen. Meine Eltern fanden das nicht unbedingt gesund. Weder die Pizzetta (sehr schade) noch die Tatsache, dass ich mir ihrer Meinung nach, wenn ich vor der Mikrowelle saß, das Hirn verschmorte. Damals führte das zu Streit und Mikrowellen-Käseexperimenten nur bei sturmfreier Bude. Heute kenne ich das Prinzip des Faradayschen Käfigs und weiß, dass die Strahlung durch eine Metallschicht, die im Inneren des Mikrowellengehäuses eingebaut ist, eingeschlossen wird. Praktischerweise kann man trotzdem durch die Glastür schauen, da das sichtbare Licht eine sehr viel kleinere Wellenlänge hat als die Mikrowellen und so durch die Löcher im Lochblech hindurchpasst, während die 12-Zentimeter-Mikrowellen wie Essensreste im Abflusssieb stecken bleiben. Meine Eltern hätten mir also guten Gewissens meine kulinarischen Nerd-Anwandlungen lassen können – weder das Hirn noch sonst was wird da außerhalb des Gehäuses verschmort.

Mikrowellen werden aber nicht nur zum Erwärmen von Speisen und Getränken verwendet, sondern auch in der modernen Telekommunikation. WLAN, Handykommunikation, Bluetooth – das alles funktioniert nur dank Mikrowellen. Und die sind nicht wie bei meiner Küchenmikrowelle in einem Faradayschen Käfig eingeschlossen, sondern breiten sich frei im Raum aus. Vor allem natürlich in der direkten Nähe von Handys, Routern oder Laptops, also im Zweifelsfall unmittelbar neben meinem Hirn. So betrachtet könnte man schon ein mulmiges Gefühl bekommen, wenn das Handy am Ohr bei einem längeren Gespräch heiß wird. Vor allem, wenn man weiß, dass diese langwellige Strahlung der Mikrowellen einige Zentimeter tief in das Essen – oder in diesem

Falle in mein Hirn – eindringen und es schnell erwärmen kann. Allerdings weiß ich als Physikerin, dass selbst die als ultrahochfrequente Strahlung bezeichneten Radio- und Mikrowellen nüchtern betrachtet ziemlich lasch sind – und ihre Energie nicht dazu ausreicht, die Molekülverbindungen oder gar Atome in meinem Hirn auseinanderzureißen. Wenn die Photonen des sichtbaren Lichts Pistolenkugeln wären, könnte man im Vergleich dazu die Mikrowellen-Photonen als Softbälle bezeichnen. Während das sichtbare Licht nämlich chemische Prozesse anstoßen kann (die uns zum Beispiel das Sehen ermöglichen), reicht die Energie der Mikrowellen nur dazu aus, Moleküle in Rotation zu bringen – sie könnten in meinem Hirn also allenfalls Wärme erzeugen.

Zu viel Wärme ist allerdings auch nicht gut, sonst könnten wir ja ohne Bedenken unsere Haustiere zum Trocknen in die Mikrowelle stecken. Und keine Sorge, schon als Kind war mir klar, dass das der in die Badewanne gefallenen Katze nicht guttun würde (wobei sie meine Föhn-Versuche auch nicht gerade angenehm fand – immerhin hat sie diese überlebt!). Aber die Dosis macht's. Und die ist in der Mikrowelle natürlich sehr viel höher als neben dem Router. Beim Mobilfunk gelten strenge Grenzwerte, die die maximale lokale Erwärmung durch Strahlung (zum Beispiel beim Handy am Ohr) auf circa 0,5 Grad begrenzen[10]. Da bekomme ich beim Kuscheln mit der (inzwischen getrockneten) Katze deutlich mehr Wärme ab. Und wenn mein Ohr beim Telefonieren heiß wird, ist das tatsächlich nur zu einem sehr kleinen Teil auf die Mikrowellenstrahlung zurückzuführen – der Hauptgrund ist, dass ich mir ein warmes, isolierendes Gerät an die Haut halte.

Mikrowellen für alle!

Auch ohne WLAN, Handynetz und Co. sind wir überall und ständig umgeben von Mikrowellen. Die kosmische Mikrowellenhintergrundstrahlung ist zwar hier auf der Erde sehr viel weniger intensiv als die Strahlung durch Telekommunikation, dafür aber durchdringt sie das gesamte Universum. Beim Handyempfang ist das leider anders – wie jeder, der mal mit der Bahn durch Deutschland gefahren ist, bezeugen kann.

Die kosmische Hintergrundstrahlung ist ein Relikt aus der frühesten Kindheit unseres Universums. Ungefähr 400 000 Jahre nach dem Urknall war das Universum so weit abgekühlt, dass die vorher in einer heißen Plasmasuppe herumschwebenden Protonen und Elektronen sich zu Wasserstoffatomen zusammenfanden und das Universum durchsichtig wurde. Das kann man sich in etwa so vorstellen, wie wenn aufgewirbelte Schneekristalle zu Flocken verklumpen. Wo vorher nur ein undurchsichtiges weißes Schneewirbeln war, sind jetzt vereinzelte Flöckchen. Dazwischen ist die Luft klar und man kann nicht nur wieder die Skipiste, sondern auch noch die wunderschöne Berglandschaft sehen.

Anders als das Skigebiet in unserem Beispiel war das Universum zum Zeitpunkt der sogenannten Rekombination aber noch ziemlich heiß, nämlich knapp 3000 Grad. Das ist ein bisschen heißer als der Draht in einer Glühbirne – dementsprechend hat das ganze Universum geglüht. Hätte es zu diesem Zeitpunkt die Erde und Menschen schon gegeben, sie hätten dieses Glühen, das den ganzen Himmel erfüllte, mit eigenen Augen sehen können. Mir persönlich hätte unser wunderschöner Nachthimmel gefehlt, aber gut. Sterne gab es zu der Zeit sowieso noch nicht und ein großflächiges Glühen ist allemal besser als vollkommene Dunkelheit.

Heute können wir dieses Ur-Glühen unseres Universums nicht mehr ohne Hilfsmittel sehen. Das liegt daran, dass sich das Universum mit hoher Geschwindigkeit ausdehnt und mit dieser Bewegung von uns weg die elektromagnetischen Wellen der Strahlung sozusagen in die Länge gezogen werden. Wie bei einem dieser spiralförmigen Haarbänder, die so haarschonend sein sollen: die leiern auch aus, wenn ich sie auseinanderziehe. Bei sichtbarem Licht bedeutet eine Verlängerung der Wellenlänge, dass es röter wird – deswegen sprechen wir von Rotverschiebung. So wird aus dem recht eng gewickelten sichtbaren Licht des ursprünglichen Glühens eine lasche Mikrowellenstrahlung mit mehr als tausendmal längeren Wellenlängen – und mehr als tausendmal niedrigeren Temperaturen. Aus der heißen Glühbirne ist ein Extrem-Gefrierschrank geworden mit einer Temperatur von nur 2,7 Kelvin, also knapp über dem absoluten Nullpunkt. Dessen Leuchten können wir mit unseren Augen nicht mehr sehen, aber glücklicherweise mit speziellen Teleskopen einfangen.

Die kosmische Hintergrundstrahlung wurde wie so vieles (nicht nur) in der Astronomie zufällig entdeckt. Eigentlich wollten Arno Penzias und Robert Wilson 1964 im amerikanischen New Jersey nur eine neue Antenne zur Erkennung von schwachen Telekommunikationssignalen testen. Dafür mussten sie erst mal alle anderen Störsignale, wie zum Beispiel Radar oder Radiokommunikation, aus ihren Messdaten beseitigen. Zu ihrer Überraschung blieb nach der ganzen Arbeit immer noch ein konstantes Rauschen, egal wohin sie die Antenne drehten, egal ob Tag oder Nacht. Nachdem sie die Antenne noch mal gründlich geputzt und der Legende nach sogar von einem Taubennest befreit hatten, das Rauschen aber immer noch da war, kamen sie zu dem kühnen Schluss, dass es von außerhalb unserer Galaxie stammen musste. Zur gleichen Zeit wurde unabhängig davon ein paar Kilometer weiter in Princeton die Theorie aufgestellt, dass der Nachhall des Urknalls als Mikrowellenstrahlung nachzuweisen sein müsste. Wäre die geschichtliche Entwicklung der Kosmologie eine romantische Komödie, hätte es jetzt erst mal allerlei Verwechslungen und Beinahe-Begegnungen gegeben. In der Realität aber wurden Beobachter und Theoretiker schnell miteinander verkuppelt und veröffentlichten in Absprache miteinander zwei Arbeiten, die Wissenschaftsgeschichte schrieben. 1978 erhielten Penzias und Wilson für ihre bahnbrechende Entdeckung den Nobelpreis für Physik.

Die Entdeckung der kosmischen Hintergrundstrahlung war deswegen so bedeutend, weil sie die Theorie des Urknalls, des *Big Bang* – und damit die Entstehung unseres Universums zu einem bestimmten Zeitpunkt – eindrucksvoll belegte. Andere Ideen, wonach das Universum immer schon da gewesen und im Grunde unveränderlich sei, verblassten damit. Die kosmische Hintergrundstrahlung gab der Menschheit sozusagen das ultimative Alpha – die Erkenntnis, dass alles einen Anfang hat und nichts ewig und unveränderlich währt. Das wirft natürlich einige unangenehme Fragen auf, allen voran die nach dem Omega, also dem Ende des Universums. Douglas Adams hat mit seinem Kult-Klassiker *Per Anhalter durch die Galaxis* (eins meiner persönlichen Lieblingsbücher!) eine elegante Lösung dafür gefunden: am Ende der Zeit explodiert das Universum wie ein riesiges Feuerwerk und unterhält so die Gäste, die im Restaurant am Ende des Universums vor Panoramafenstern sitzen und sich kulinarisch verwöhnen lassen. Wissenschaftliche Theorien zum Ende des Universums sind etwas unromantischer, haben aber immerhin lustige Namen.

Beim *Big Crunch* expandiert das Universum nicht ewig, sondern fällt irgendwann wieder in sich zusammen, um eventuell wieder in einem *Big Bounce* zurückzuprallen und wieder als neues Universum zu expandieren. Beim *Big Freeze* expandiert das Universum immer weiter, bis die letzten Sterne erlöschen und alles dunkel und kalt wird. Und beim *Big Rip* beschleunigt die Expansion des Universums bis ins Unendliche, sodass Galaxien, Sterne und schließlich sogar Moleküle, Atome und die Raumzeit selbst auseinandergerissen werden. Hört sich alles ziemlich apokalyptisch an und ist es auch, im wahrsten Sinne des Wortes: Das ist der Untergang von allem. Aber falls es dich beruhigt: Die ultimative Apokalypse passiert allerfrühestens in 20 bis 30 Milliarden Jahren, wahrscheinlich noch sehr viel später. Du wirst also aller Wahrscheinlichkeit nach nichts mehr davon mitbekommen.

Zurück in die Zukunft (des Universums)

Die kosmische Hintergrundstrahlung hilft uns, nicht nur das Alpha, sondern auch das Omega des Universums zu bestimmen: Sie ist das älteste Licht, das wir empfangen können, und lässt uns in die Kinderstube unseres Universums und damit 13,8 Milliarden Jahre in die Vergangenheit blicken. Und wie jeder Blick zurück ermöglicht dies Prognosen für die ferne Zukunft. Das ist so einmalig, dass eine Reihe von Weltraumteleskopen eigens für ihre Erforschung und genauere Charakterisierung geschaffen wurden. Eine der bekanntesten ist die COBE Satelliten-Mission der NASA, die mehrere Jahre lang am Ende der achtziger und Anfang der neunziger Jahre um die Erde kreiste. Die COBE Daten belegten, dass die überaus gleichförmige kosmische Hintergrundstrahlung nichtsdestotrotz winzig kleine richtungsabhängige Schwankungen (genannt Anisotropien) aufweist.

Penzias und Wilson hatten ja – egal in welche Ecke des Himmels sie ihre Antenne richteten – das gleiche Hintergrundrauschen gemessen. Und tatsächlich ist die Temperatur der kosmischen Hintergrundstrahlung in alle Richtungen fast gleich – aber eben nur fast. Wenn man – wie das COBE Weltraumteleskop – sehr genau hinschaut (und größere Effekte, wie die Bewegung der Milchstraße und damit der Erde relativ zum Mikrowellenhintergrund, herausrechnet), dann sieht man, dass die Temperatur des Universums ganz leicht schwankt, je nachdem, wohin man guckt. Um 0,001 %, um genau zu sein. Hört sich vernachlässigbar an, ist es aber ganz und gar nicht. Denn ohne diese Mini-Schwankungen würde es uns überhaupt nicht geben – wohl mit ein Grund, warum die wissenschaftlichen Köpfe von COBE, George Smoot und John Mather, 2006 für ihre Mühen den Physik-Nobelpreis verliehen bekamen.

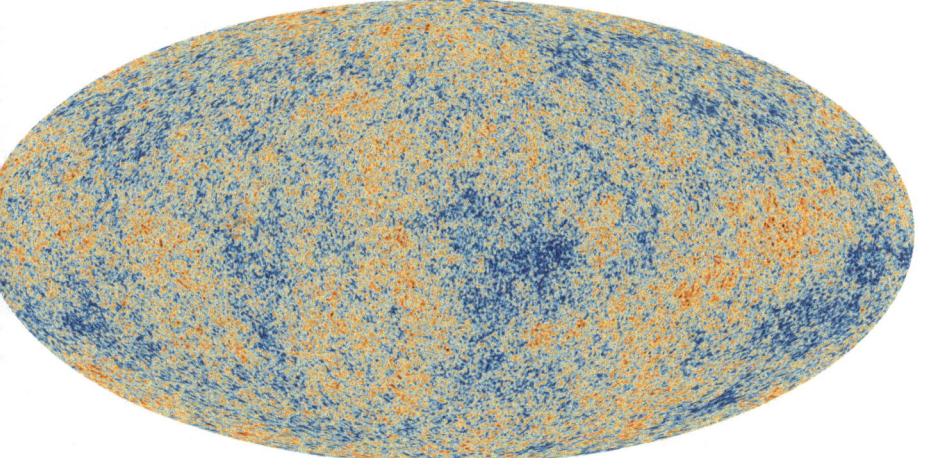

Temperaturschwankungen (Anisotropien) der kosmischen Mikrowellenhintergrundstrahlung, über den gesamten Himmel mit dem *Planck* Weltraumteleskop gemessen.

Was haben irgendwelche kosmische Anisotropien nun mit uns zu tun? Die von COBE beobachteten kleinflächigen Temperaturschwankungen am Himmel können als Folge leichter Dichteschwankungen im jungen Universum interpretiert werden. Das heißt, in dem ansonsten sehr homogenen glühenden Brei, der unser Universum zur Zeit der Entstehung der Mikrowellenhintergrundstrahlung war, gab es Klumpen – wie bei einem ganz irdischen Babybrei, der bei der Zubereitung nicht durchgehend gerührt wurde (oder sogar in der Mikrowelle gekocht wurde, womit wir wieder beim Thema wären). Aus diesen Klumpen entstanden im Laufe der Zeit und mit der Expansion des Universums Supercluster von Galaxien; wo keine Klumpen waren, bildeten sich immense Leerräume, die sogenannten Voids.

Durch die genaue Vermessung und Analyse der Anisotropien in der kosmischen Mikrowellenhintergrundstrahlung kann man also bestimmen, wie unser Universum aufgebaut ist. Die Daten von COBE sowie der darauffolgenden Weltraumteleskope WMAP (NASA) und *Planck* (ESA) legen nahe, dass die Geometrie unseres Universums (so gut wie) flach ist (bevor sich hier einige zu früh freuen: gilt nicht für die Erde!). Das heißt, dass auch über größte Distanzen hinweg parallele Linien immer parallel bleiben und die Winkel eines Dreiecks zusammen immer 180 Grad ergeben, wie schon beim alten Euklid. Sonst wäre auch der Geometrieunterricht viel zu kompliziert geworden. An dieser Stelle mein persönlicher Dank an das Universum!

Ein flaches Universum, so habe ich es als Kind in den 8oer Jahren in meinen heiß geliebten *Was ist Was?*-Büchern gelesen, expandiert immer weiter, wird dabei aber immer langsamer. Damit kam ich psychisch gut zurecht, das hörte sich weniger gewaltsam an als die anderen Theorien. 1998 dann der Schock: Beobachtungen von sehr weit entfernten Supernova-Explosionen zeigten, dass die Expansion des Universums immer schneller wird! Und das angeblich schon seit 4 Milliarden Jahren! Ihr könnt euch inzwischen wahrscheinlich schon denken, was diese Entdeckungen nach sich zogen: für mich ein Trauma; für Saul Perlmutter, Brian Schmidt und Adam Riess 2011 den Nobelpreis für Physik. Drei Nobelpreise auf vier Buchseiten, das schafft nur die Kosmologie.

Der Grund für die Beschleunigung der Expansion: Dunkle Energie. Die kannte man in den 8oern noch nicht und bis heute weiß eigentlich keiner so genau, was sie ist, aber sie ist anscheinend die Zukunft. Ein bisschen wie Bitcoin. Messungen des *Planck*-Weltraumteleskops zufolge macht die Dunkle Energie 68 % der gesamten Energie des Universums aus, die Dunkle Materie 27 % und die normale Materie nur 5 %. Nur so lassen sich die beobachteten Anisotropien der kosmischen Mikrowellenhintergrundstrahlung mit dem Universum, wie wir es heute kennen, vereinen. Und damit kommen wir zum Omega: Je nachdem, ob das Universum jetzt wirklich komplett flach ist oder vielleicht doch ganz leicht gekrümmt, und je nachdem, wie genau sich die Dunkle Energie verhält, steuern wir nach heutiger Erkenntnis am ehesten Richtung *Big Freeze* oder *Big Rip*. Klingt nach Darth Vader, Lord Voldemort und Sauron in einem, da bekommt die Aufforderung „Carpe Diem!" eine ganz neue Dringlichkeit.

So viel also zur Mikrowellenhintergrundstrahlung. Vielleicht ist dir aufgefallen, dass ich in diesem Kapitel fast nur Weltraumteleskope erwähnt habe. Zwar waren und sind auch irdische Teleskope an der Beobachtung der kosmischen Hintergrundstrahlung beteiligt, aber die kann man mit ein bisschen gutem Willen fast als Weltraumteleskope bezeichnen, weil sie entweder an Ballons befestigt sind oder zumindest auf hohen Bergen stehen[11]. Der Grund dafür: unsere Atmosphäre. Die lässt nämlich nur in bestimmten Wellenlängen- (oder Frequenz-)bändern die Strahlung des Kosmos bis auf die Erdoberfläche durch. Eines dieser Fenster zum Kosmos liegt praktischerweise im für uns Menschen sichtbaren Wellenlängenbereich – das ist auch der Bereich, in dem die Strahlung der Sonne am stärksten ist. Da ist es natürlich kein Zufall, dass wir gerade diesen Wellenlängenbereich sehen können, sondern geschickte evolutionäre Anpassung an die vorherrschenden Strahlungsverhältnisse auf unserem Planeten.

Das andere große Fenster, durch das die Strahlung ungehindert passieren kann, liegt im Radio-Wellenlängenbereich. Kein Wunder also, dass die Radioastronomie eine lange Geschichte hat – Radioteleskope können so ziemlich überall stehen und ungehindert ins Universum blicken. Bei Mikrowellen kommt es ein bisschen darauf an: Diejenigen, die länger als einige Millimeter sind, können recht unkompliziert von überall aus beobachtet

65

werden. Deswegen konnten Penzias und Wilson auch aus New Jersey, was ja nicht unbedingt für seine hohen Berge und wolkenlosen Himmel bekannt ist, bei 7 Zentimetern Wellenlänge das Rauschen unseres kosmischen Hintergrunds messen. Beobachtungen im Millimeter- und vor allem Sub-Millimeter-Bereich sind da etwas anspruchsvoller: die gönnen sich gerne mal einen Weltraum-Trip oder zumindest ein ganz exklusives Hochgebirgs-Ambiente. Womit wir bei ALMA und damit an einem meiner liebsten Orte auf diesem Planeten angekommen wären.

Unsere 66 Augen in den Kosmos

Offenbar bist du auf dem Mars gelandet. Rostroter Sand, karge Felsen, zerklüftete Canyons – eine komplett ausgetrocknete Wüste, so weit das Auge reicht. Unvorstellbar, dass hier Leben existieren könnte, lebensfeindlicher geht es kaum noch. Denkst du. Bis plötzlich ein Fuchs an dir vorbeihuscht, offensichtlich auf der Suche nach etwas Trinkbarem. Du hast auch Durst, deswegen folgst du ihm weiter und weiter durch die unwegsame Hügellandschaft. Auf einer Kuppe angekommen, fällt dein Blick hinunter auf eine riesige ebene Fläche, auf der viele scheinbar zufällig verteilte silberne Kreise leuchten. Erst jetzt fällt dir auf, dass der Himmel strahlend blau ist und du zwar nach Atem ringst, aber trotz fehlendem Raumanzug noch nicht erstickt bist – was auf dem Mars schon längst geschehen wäre. Willkommen auf der *Chajnantor*-Hochebene in Chile, der Heimat des weltgrößten Millimeter- und Submillimeter-Teleskops ALMA.

Was hier ziemlich poetisch klingt, habe ich tatsächlich so erlebt. Gut, wir waren in einem Jeep unterwegs und hatten auch genug Wasser dabei, aber dieses unwirkliche Mars-Feeling, das Schnappen nach Luft und die surreale Begegnung mit dem Fuchs beschreiben ganz genau meinen ersten Besuch des ALMA Teleskops. Seitdem war ich als Mitarbeiterin der europäischen ALMA

Zentrale in der Europäischen Südsternwarte (ESO) unzählige Male dort, aber ich bin immer noch jedes Mal geflasht von der Nicht-von-dieser-Erde-Schönheit dieses besonderen Ortes. Zwischen dem Pazifik und den Anden erstreckt sich im Norden Chiles die *Atacama* Wüste, die trockenste Wüste der Welt. Im Nordosten der *Atacama*, an der Grenze zu Bolivien und Argentinien, liegt 5200 Meter über dem Meeresspiegel die *Chajnantor*-Hochebene. Hier ist die Luft so klar wie kaum irgendwo sonst. Jegliche Lichtverschmutzung ist weit, weit weg. Und das Fenster zum Kosmos ist auch im anspruchsvollen Millimeter- und Submillimeter-Wellenlängenbereich weit geöffnet.

Die ALMA Antennen auf der *Chajnantor*-Hochebene schauen in den klaren Nachthimmel, durch den sich das Band der Milchstraße zieht.

67

Damit ist die *Chajnantor*-Hochebene wie geschaffen für ALMA, ein internationales Megaprojekt eines Teleskops. Mit Baukosten von 1,4 Milliarden US-Dollar und Betriebskosten von 100 Millionen Dollar pro Jahr ist es das derzeit teuerste Observatorium auf der Erde. Zu teuer, als dass es ein einziges Land oder sogar eine einzige Weltregion aus dem meist knapp bemessenen Wissenschaftsbudget stemmen kann. Also haben sich staatlich finanzierte Institute aus drei Weltregionen – Europa, Nordamerika und Ostasien – zusammengetan, um dieses Teleskop der Superlative zu finanzieren, miteinander zu bauen und zu betreiben. Chile als Gastgeberland spielt dabei natürlich auch eine wichtige Rolle.

Das ist eine Sache, die ich an der Wissenschaft liebe: die enge und meist auch wirklich gute internationale Zusammenarbeit. An einem typischen Arbeitstag habe ich zu tun mit Kolleginnen und Kollegen aus ganz Europa, aus den USA, aus Kanada, aus Japan, Südkorea und Taiwan, und natürlich aus Chile. Das ist unglaublich bereichernd und man lernt schnell, dass zum Beispiel US-Amerikaner und Japaner sehr unterschiedlich ticken. Manchmal führt das Aufeinanderprallen der Kulturen zu Missverständnissen und Frust – vor allem bei Videoschalten, wo immer mindestens eine Seite wegen der unmenschlichen Uhrzeit total übermüdet ist. Aber diese Herausforderungen sind spätestens dann vergessen, wenn man zusammen in New Mexico feurige Tacos isst, in Tokio Karaoke singt oder auf einer Dachterrasse in Santiago de Chile bei einem Pisco Sour in den Sonnenuntergang schaut.

Das Highlight ist für mich aber auch nach all den Jahren immer noch die Arbeit mit dem Teleskop selbst. Die Anreise aus München zieht sich zwar etwas, aber spätestens, wenn ich aus dem Bus vom Flughafen Calama zum Observatorium schaue und den Vulkan *Licancabur* sehe, sind die Strapazen und Wehwehchen von insgesamt fast 20 Stunden Economy-Class vergessen. Dieser 6000 Meter hohe Riese hat etwas Magisches, er ist ein perfekter Vulkan wie aus dem Bilderbuch, in den ich mich auf den ersten Blick verliebt habe. Bei einem meiner Besuche habe ich mir schließlich ein Herz gefasst und ihn bestiegen – bis heute eine der körperlich anstrengendsten Sachen, die ich je gemacht habe. Aber es hat sich gelohnt. Jedes Mal, wenn ich zum Gipfel hochblicke, bin ich einfach nur froh, dass ich einmal da oben war – und vor allem, dass ich da nicht noch einmal hochmuss. Und ich blicke oft zum *Licancabur* hinauf. Denn er thront über der *Chajnantor*-Ebene wie ein Gott und ist vom ALMA-Gelände aus fast überall zu sehen.

Ich freue mich jedes Mal, wenn ich bei ALMA zu Besuch bin! Hinter den rötlichen Bergen der *Chajnantor*-Hochebene sieht man den gräulichen Kegel des *Licancabur* hervorgucken.

Das ALMA-Gelände ist riesig und auf zwei Höhenebenen verteilt. Da gibt es zum einen die Antennen auf 5200 Meter – die Augen, die für uns in den Kosmos schauen. Und dann gibt es 25 Kilometer entfernt und gut 2000 Höhenmeter tiefer die Menschen, die zu den Augen gehören. Denen bekommt die dünne Luft oben bei den Antennen nämlich nicht so gut (den Antennen oft auch nicht, aber die haben keine Wahl). Deswegen wohnt und arbeitet die ALMA-Belegschaft von Astronominnen, Ingenieuren, ITlerinnen und sonstigen Mitarbeitern zum Großteil am sogenannten *Operations Support Facility* (OSF) auf 3000 Metern. Da ist die Luft zwar immer noch dünn, aber nach 24 bis 48 Stunden leichter Abgeschlagenheit gewöhnt man sich in der Regel daran. Zumindest ist das bei mir so, auch wenn ich jedes Mal feststelle, dass mein Körper dort oben wesentlich mehr Koffein braucht als zu Hause. Zum Glück wurde an der Notwendigkeit einer guten und immer funktionierenden Kaffeemaschine bei ALMA nie gezweifelt.

Das OSF ist wie ein kleines internationales Dorf mitten in der Wüste mit Wohngebäuden, einer Kantine, einer medizinischen Notversorgungsstation, einem Fitnessstudio, einem Filmraum und sogar einem Sportplatz, auf dem meist Fußball gespielt wird (wir sind schließlich in Südamerika!). Dann gibt es Büros, Labore und Werkstätten, in denen die Antennen und Instrumente getestet und gewartet werden, und zu guter Letzt die heilige Stätte der Astronomen: den Kontrollraum. Von dort aus kontrollieren wir die Antennen, führen astronomische Beobachtungen durch und checken die Daten an riesigen Computer-Monitoren.

Das klingt nicht besonders romantisch und ist es auch nicht. Sterne beobachten hieß für mich als Kind, im Garten zu sitzen und durch mein Fernglas zu schauen, Skizzen zu machen von dem, was ich da oben im Himmel sah, von fernen Welten zu träumen und von meinen Eltern mit heißer Schokolade versorgt zu werden. Und so stellte ich mir auch den Beruf der Astronomin vor – nicht ahnend, dass ich später mal in einem hell erleuchteten Raum eine Armee von Riesenteleskopen blind auf irgendwelche Himmelskoordinaten richten würde und für meine Mühen noch nicht mal ein Bild zu sehen bekäme, sondern nur endlose Datenströme. Aber andererseits können wir sagen, dass wir mit ALMA unser Verständnis des Kosmos revolutionieren, das entschädigt für so einiges.

Und auch hübsche ALMA-Bilder gibt es – aber erst nach tage- oder wochenlanger Bearbeitung der Daten. ALMA ist ein Interferometer, das heißt, es besteht aus mehreren Antennen, die alle gleichzeitig auf den gleichen Punkt am Himmel schauen. 66 Antennen sind es, um genau zu sein. Die Wellensignale aus dem Kosmos werden von jeder Antenne einzeln empfangen und müssen erst mühevoll zusammengerechnet, wir sagen: korreliert werden. Dabei justiert der sogenannte Korrelator die hereinkommenden Mikrowellen so, dass die Wellenberge immer aufeinandertreffen, oder konstruktiv interferieren, und das Signal mit jeder weiteren Antenne, die dazugeschaltet wird, verstärkt wird.

Denn wenn Wellenberg und Wellental aufeinanderträfen, würden sie sich gegenseitig auslöschen und wir würden nichts sehen. Bei Distanzen zwischen den einzelnen Antennen von bis zu 16 Kilometern und Wellenlängen unter einigen Millimetern ist es gar nicht so einfach, die Berge und Täler der einzelnen Wellensignale perfekt anzugleichen. Je kürzer die Wellenlänge, desto schwieriger das Unterfangen. Der ALMA Korrelator ist auch nicht etwa ein unbezahlter Praktikant, sondern ein Computer. Und zwar der höchstgelegene Supercomputer der Welt. Er steht auf der *Chajnantor*-Hochebene bei den Antennen, nimmt dort einen ganzen Raum ein und produziert rund ein Terabyte wissenschaftliche Daten pro Tag.

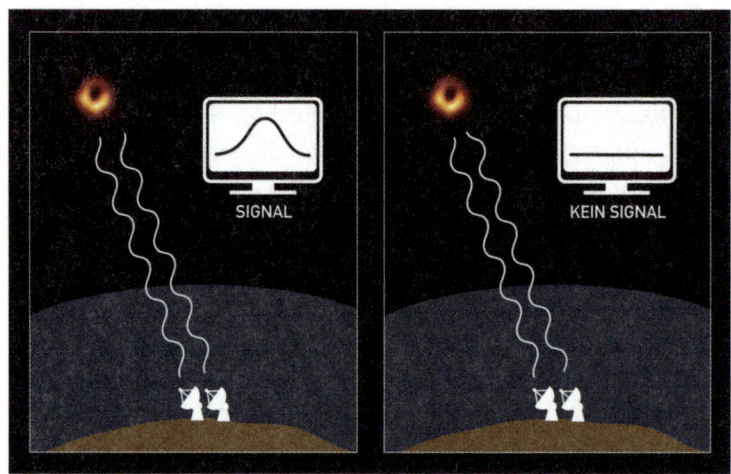

Nur wenn bei der Interferometrie die hereinkommenden Lichtwellen genau korreliert werden, klappt es mit der Aufnahme!

Diese Daten werden erst mal runter zum OSF und den hoffentlich koffeingestärkten Astronomen geschickt. Wir checken dann einige Sachen, zum Beispiel ob die Korrelation auch geklappt hat und wir ein gutes Signal bekommen oder ob einige Antennen vielleicht nicht optimal funktioniert haben und wir die Beobachtung wiederholen müssen. Dann ist unsere Arbeit getan, wir machen uns an die nächste Beobachtung oder haben vielleicht schon Schichtende und fallen erschöpft ins Bett. In dem Fall macht die nächste Schicht weiter, denn anders als wir Astronominnen arbeitet ALMA 24 Stunden am Tag, 365 Tage im Jahr. Ähnlich wie im Radiowellenbereich leuchtet die Sonne im Mikrowellenbereich kaum und stört uns deswegen nicht sonderlich. Unsere gesammelten Daten machen sich unterdessen auf die lange Reise nach Santiago de Chile in die ALMA Zentrale, oder noch weiter in die Hauptzentren der ALMA Partner-Regionen in Japan, den USA und Garching bei München. Erst dort bekommen wir endlich das Bild, auf das wir so sehnsüchtig warten.

Wie schön dieses Bild wird, hängt von mehreren Faktoren ab. Zum einen natürlich vom Motiv. Wenn ich auf einen unförmigen, verschwommenen Fleck schaue, wird da kein süßes Kätzchen herauskommen. Aber auch die Positionierung der einzelnen Antennen und die Länge der Beobachtung spielen eine große Rolle. Je länger ich beobachte und je mehr Antennen ich benutze, desto besser kann ich auch sehr schwach leuchtende Objekte sehen. Und je weiter die Antennen voneinander entfernt stehen, desto schärfer wird mein Bild, ich kann also mehr Details erkennen, wie ich gleich erkläre.

Letzteres ist der Grund, warum wir uns damit abmühen, Signale von mehreren Kilometer voneinander entfernten Antennen zu korrelieren: nur so bekommen wir im Mikrowellenbereich eine gute Bildauflösung, die mit den Aufnahmen von großen optischen Teleskopen mithalten kann. Denn die Auflösung, die man sich auch als Pixelgröße vorstellen kann, ist abhängig sowohl von der Größe des Teleskops als auch von der Wellenlänge der Beobachtung (wie wir schon im Kapitel *Rot* gesehen haben). Ein größeres Teleskop macht schärfere Bilder. Und eine kleinere Wellenlänge ergibt auch schärfere Bilder. Wenn also jetzt (wie bei ALMA Beobachtungen) die Wellenlänge um einen Faktor tausend größer ist als im sichtbaren Bereich, dann muss das Teleskop auch um einen Faktor tausend größer sein, um ein vergleichbar scharfes Bild zu erzielen. Anstatt eines Durchmessers von 10 Metern braucht man dann einen Durchmesser von 10 Kilometern. So ein Teleskop zu bauen ist technisch anspruchsvoll, um es mal sehr vorsichtig auszudrücken. Und viel zu teuer. Und genau deswegen lieben wir die Interferometrie.

Wenn wir nämlich mehrere Antennen interferometrisch zusammenschalten, dann ist der effektive Durchmesser des damit entstandenen virtuellen Teleskops gleich dem größten Abstand zwischen zwei einzelnen Antennen. Ein mehrere Kilometer großes Teleskop ist somit kein Ding der Unmöglichkeit mehr. Das klitzekleine Problem ist nur, dass unser virtuelles Riesenteleskop Löcher hat. Und damit meine ich nicht Löcher wie in einem Schweizer Käse. Sondern es ist eher so, dass ich auf meinem riesigen, ansonsten leeren Teller nur ein paar Krümel Käse habe. Unser Riesenteleskop besteht zum Großteil aus Loch – und das ist ein Problem. Beim Käse kann ich mir einen sehr würzigen aussuchen, da reichen dann auch ein paar Krümel für ein intensives Geschmackserlebnis.

Beim Teleskop kann ich mir die besten Antennen bauen, die technisch möglich sind (und das haben wir bei ALMA auch gemacht). Aber selbst die tollsten Antennen können die riesigen Löcher des virtuellen Teleskops, in denen keine Signale aufgezeichnet werden, nicht kompensieren. Das ist wie bei einem Text, bei dem einige Buchstaben fehlen. Fele nur ein par, kanst du dn Tex witerhin lsen. Fhen mh, wid es shon swriger. U iw et es a n mr. Da hilft auch die schönste Sonntagsschrift nichts.

Damit wir ein halbwegs detailliertes Bild bekommen, brauchen wir daher so viele Antennen wie möglich. Kein Mensch baut einfach so aus Spaß 66 Antennen. Aber leider finanziert auch kein Mensch die Tausenden Antennen, die nötig wären, um alle ALMA Löcher zu stopfen. Zum Glück kommt uns hier das Universum entgegen – oder besser gesagt, es kommt um uns herum. Aus Sicht einer ALMA Antenne dreht sich der Himmel nämlich einmal pro 24 Stunden komplett um sie herum. Aus Sicht des Himmels bewegt sich die Antenne. Würde der Himmel sein neues Smartphone immer in genau die gleiche Richtung halten, 5 Stunden lang jede Stunde ein Foto machen und die einzelnen Fotos übereinanderlegen, käme dabei eine bogenförmige Reihe von 5 Antennen heraus! Wenn man also die Antennen geschickt positioniert und lang genug beobachtet, können die ALMA Löcher gestopft werden. Abrakadabra – fertig ist unser Riesenteleskop der Superlative!

Ich muss zugeben, ich bin, was ALMA angeht, nicht ganz unvoreingenommen. Ich bin nun seit über zehn Jahren ein Teil dieses gigantischen Projekts, habe mehrere Monate an den Standorten in Santiago (Chile), Mitaka (Japan) und Taipei (Taiwan) verbracht und mit Mitarbeitern auf der ganzen Welt Freundschaften geschlossen. Ich habe unzählige Früh-, Tag- und Nachtschichten am OSF gearbeitet, laue Abende im nächstgelegenen Dorf, dem Backpacker-Mekka San Pedro de Atacama, verbracht und danach die Alkoholkontrolle am Eingang zum ALMA Gelände über mich ergehen lassen.

Ich habe von der europäischen Zentrale bei der ESO in Garching aus an allen möglichen ALMA Projekten mitgewirkt, vom Organisieren von Workshops für unsere „Kunden" (den Astronomen aus ganz Europa, die mit ALMA beobachten wollen) über die technische Vorbereitung der Beobachtungen und die Qualitätssicherung der Daten bis hin zur Projektleitung eines ALMA-Nachbaus mit LEGO-Steinen. Ich war dabei, als wir uns am OSF noch mit einer Handvoll Antennen gequält haben, um überhaupt irgendein Signal zu bekommen, die Kontroll-Software ständig mitten in der Nacht abstürzte und wir in tagsüber heißen und nachts eiskalten Containern gewohnt haben.

Als wir 2011 die erste Runde von Wissenschaftsanträgen bekamen, saß ich bis zum Annahmeschluss wie auf heißen Kohlen und beantwortete die immer dringlicher werdenden Fragen von Wissenschaftlern aus aller Welt. Ich habe Weihnachten in der Wüste verbracht, mich zu Halloween im Kontrollraum erschrecken lassen und zu jeder Jahreszeit die unglaublichsten Sonnenuntergänge beobachtet. Klar also, dass ich wie jede frischgebackene Mama davon überzeugt bin: mein Baby ist das tollste von allen!

Aber bei ALMA stimmt es auch objektiv, zumindest was Beobachtungen im Mikrowellenbereich angeht: Wir bekommen mit

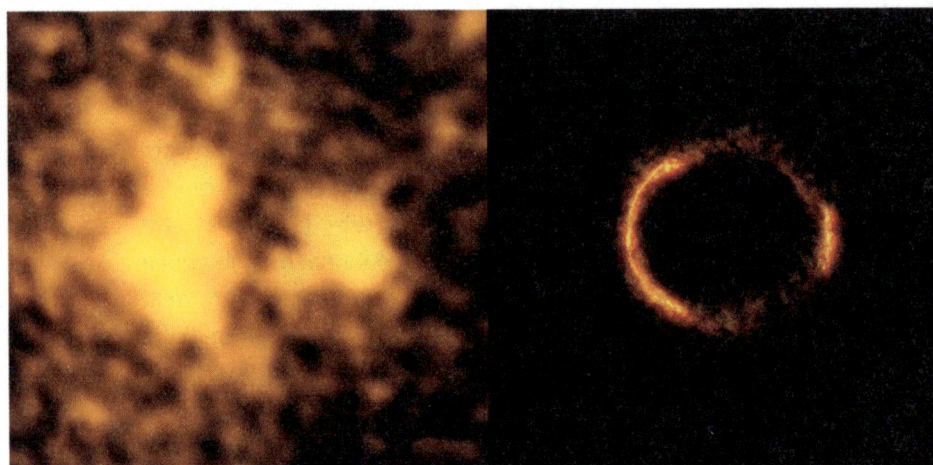

Gravitationslinsen-Ring (auch bekannt als Einstein-Ring, siehe Kapitel *Indigo* der Galaxie SDP.81). Rechts sieht man das hochauflösende ALMA-Bild, links das beste Bild vor ALMA (aufgenommen mit dem *Submillimeter Array*).

ALMA Bilder und Informationen aus dem Kosmos, von denen wir vorher nicht mal zu träumen wagten. Vergleicht man die besten Bilder von anderen Teleskopen mit denen von ALMA, erinnert es an Vorher-Nachher-Bilder aus diesen Makeover-Shows. Vom hässlichen Entlein zum stolzen Schwan. Vom diffusen Lichtfleck zum exquisiten Spiralnebel, Gravitationslinsen-Ring oder Planetensystem.

Wie entstehen Planeten?

Die Entstehung von Planetensystemen ist eines der Forschungsgebiete, das mithilfe von ALMA regelrecht revolutioniert wurde. Bereits in den 90er Jahren wurden die ersten Planeten außerhalb unseres Sonnensystems – sogenannte Exoplaneten – entdeckt. Inzwischen kennen wir mehrere Tausend Exoplaneten. Wie Menschen gibt es auch Planeten in allen Größen und Farben: von heißen, riesigen Gasbällen bis hin zu eiskalten, kargen

Gesteinsbrocken ist alles dabei. Je mehr von ihnen wir sehen, desto deutlicher wird es: Unser Sonnensystem ist gar nicht so ungewöhnlich. Nicht nur die Sonne, sondern auch viele andere Sterne beherbergen Systeme mit mehreren Planeten, von denen einige der Erde ähnlich sein könnten. Und anders als unser Sonnensystem, das ja jetzt nun einmal so ist, wie es ist, können wir anderen Planetensystemen bei der Entstehung zuschauen. Auf diese Weise können wir auch verstehen, wie unser eigenes Sonnensystem und unserer aller Heimat, die Erde, entstanden ist.

Unser Sonnensystem bildete sich nach heutigen Erkenntnissen vor 4,6 Milliarden Jahren aus dem Sonnennebel, einer kleinen Verdichtung in einer viel größeren Molekülwolke aus Wasserstoff, Helium und Staubteilchen. Im Laufe der Zeit fiel der Sonnennebel wie ein von der letzten Party übrig gebliebener Ballon langsam in sich zusammen. Zum Glück für uns hatte jemand vorher den Ballon angestupst, sodass er sich ganz leicht drehte. Je kleiner der Sonnennebel wurde, desto schneller drehte er sich. Das hängt mit dem Erhalt des Drehmoments zusammen: je mehr sich ein rotierender Körper zusammenzieht, desto schneller wird er.

Den Effekt kann man bei jeder Eiskunstläuferin beobachten: um in einer Pirouette schneller zu werden, zieht sie einfach die ausgestreckten Arme an den Körper heran. Streckt sie die Arme wieder aus, wird sie wie von Zauberhand wieder langsamer. Ich bin jedes Mal wieder fasziniert davon, wie toll das aussieht – zumindest bei den Eiskunstlaufwettbewerben im Fernsehen. Bei mir endet die Drehbewegung meist abrupt, hart und vor allem sehr unelegant auf dem Eis.

Aber zurück zum Sonnennebel: Wie gesagt war es für uns ein Glück, dass er sich drehte. Denn durch die Drehbewegung kollabierte der Sonnennebel nicht einfach zu einem runden Klumpen (aus dem die Sonne wurde), sondern es bildete sich um den

Klumpen herum zusätzlich eine dünne, sich drehende Scheibe aus Staub und Gas. Wie bei einem Pizzateig, der von einem neapolitanischen Pizzabäcker in die Luft gewirbelt und dabei gedehnt wird. Angeblich ist das gut für die Konsistenz der Pizza, die wird dann schön fluffig. (Selbstverständlich habe ich das persönlich recherchiert.) Und für die Konsistenz des Sonnensystems war das Herumwirbeln auch gut, denn aus der Staub- und Gasscheibe bildeten sich Planeten.

Wie genau aus feinstem Staub erst Körner, dann immer größere Brocken und schließlich Planeten entstehen, wird mit ALMA intensiv untersucht. Beobachtungen im Millimeter-Wellenlängenbereich sind ideal für dieses Unterfangen, weil die kalten Staubkörner bei eben diesen Wellenlängen leuchten. Außerdem kann man nur so bis ins Innere der Scheiben schauen. Wenn man bei kürzeren Wellenlängen beobachtet, sieht man eine riesige Wolke aus Staub und Gas, die wie ein Vorhang das Geschehen im Inneren verdeckt. Im Millimeterbereich aber wird der Vorhang durchsichtig und gibt den Blick frei auf den spannenden Prozess der Planetenentstehung.

2014 sorgte das spektakuläre Bild der Planetenentstehungsscheibe um den jungen, sonnenähnlichen Stern *HL Tau* nicht nur in Fachkreisen für Furore[12]. Dank der extrem guten Bildauflösung von ALMA (in diesem Fall sogar besser als die des *Hubble* Weltraumteleskops) konnte man zum ersten Mal überhaupt die Struktur der inneren Staubscheibe eines jungen Sterns sehen – und was man sah, übertraf alle Erwartungen. Auf dem Bild erkennt man sehr deutlich einige dunkle Ringe, in denen offensichtlich Planeten ihre Bahnen ziehen und sich dabei den Weg freigeschaufelt haben. Wie Schneeräumer nach einem Wintersturm.

Dieses Phänomen war vorher mit Computermodellen simuliert, aber noch nie in echt beobachtet worden. Und bei *HL Tau* hatte man auch keine Planeten erwartet. Gängigen Modellen zu-

Die Planetenentstehungsscheibe um den jungen Stern *HL Tau*, aufgenommen mit ALMA.

folge war der Baby-Stern mit seinen ein Million Jahren eigentlich noch viel zu jung, als dass sich aus den Staubkörnern schon Planeten gebildet haben sollten. Um bei der Schnee-Analogie zu bleiben: aus ein paar verklumpten Schneeflocken baut man auch nicht in wenigen Sekunden eine Kugel groß genug für einen Schneemann. Zumindest nicht, wenn man wie ich die altbewährte, aber mühsame Technik des Herumrollens im Schnee verwendet.

Inzwischen hat ALMA eine ganze Reihe von Planetenentstehungsscheiben um junge Sterne beobachtet und ihre unglaubliche Vielfalt enthüllt[13]. Wie sich herausgestellt hat, ist *HL Tau* keine Ausnahme. Auch um andere sehr junge Sterne scheinen sich schon Planeten gebildet zu haben. Fast alle bis dato untersuchten Systeme haben ringartige Strukturen unterschiedlicher Dicke und Entfernung zum Mutterstern. Diese dunklen Ringe zeigen uns wahrscheinlich große Gasplaneten (wie die Gasriesen in unserem Sonnensystem) auf, könnten aber auch das langjährige Rätsel um die Entstehung von kleineren Felsenplaneten lösen. In Simulationen stürzten die wachsenden Gesteinsbrocken nämlich ab einer Größe von ungefähr einem Kilometer in den Mutterstern – und erreichten niemals Planetengröße. Unsere Erde sollte es demnach also gar nicht geben!

Aber: Die Simulationen gingen von einer homogenen Planetenentstehungsscheibe aus. Bei inhomogenen Ringstrukturen, wie sie ALMA entdeckt hat, bieten die dichteren Teile der Staubscheibe den wachsenden Planetenembryos wie ein Kokon den nötigen Schutz, um einem frühen Tod als Sonnenfraß zu entgehen und zu richtigen Planeten heranzuwachsen. Zum großen Glück für uns und unsere Erde.

Das größte Teleskop der Welt

So spektakulär die ALMA Aufnahmen auch sind – es gibt ein Millimeter-Teleskop, das selbst ALMA in den Schatten stellt, zumindest was die Bildauflösung angeht. Dieses Teleskop erreicht eine tausendmal bessere Auflösung – und könnte von Deutschland aus gesehen ein Sandkorn auf den Kanaren ausmachen! ALMA würde in diesem Beispiel dagegen nur eine Wassermelone erkennen. Die berühmteste Aufnahme, die dieses Teleskop gemacht hat, kennst du definitiv: es ist das erste Bild eines schwarzen Lochs, das 2019 um die Welt ging. Die Rede ist vom EHT, dem *Event Hori-*

zon Telescope (oder auf Deutsch: Ereignishorizont-Teleskop). Das EHT ist kein Teleskop im strengsten Sinne, sondern ein Projekt, bei dem einige Tage lang die größten Millimeter-Teleskope der Welt per Interferometrie zusammengeschaltet werden. ALMA ist natürlich auch dabei, und zwar als größtes Teleskop im globalen Netzwerk, ohne welches das ehrgeizige Ziel des EHT niemals erreicht worden wäre: schwarze Löcher zu fotografieren.

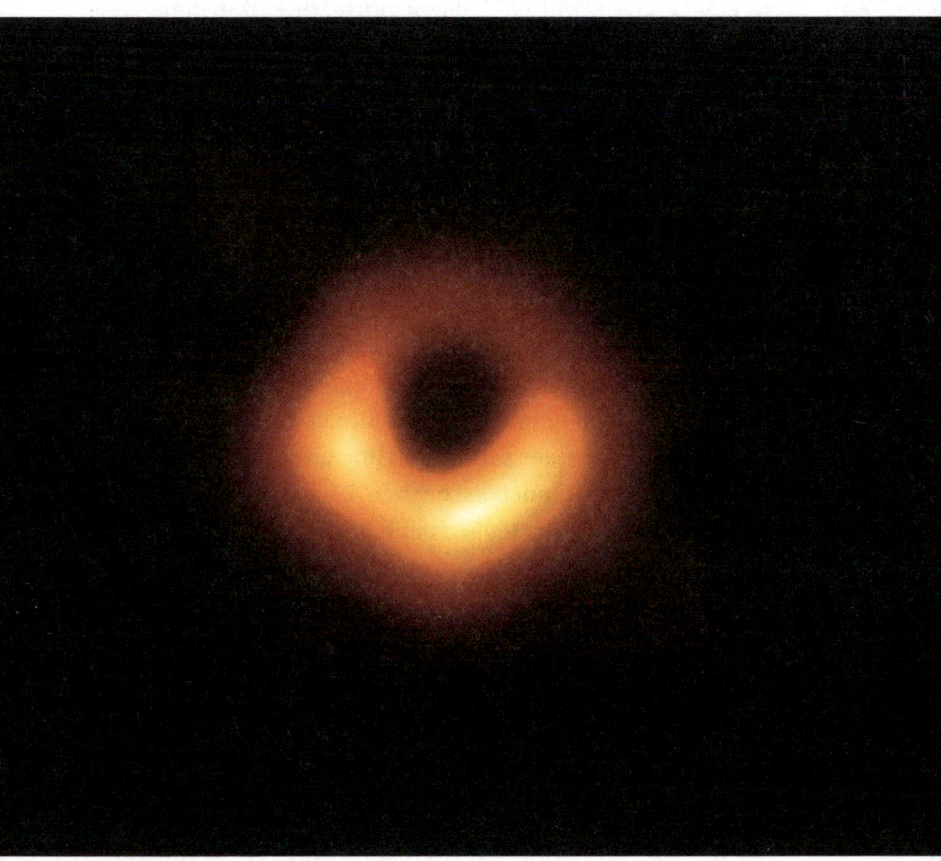

Die Akkretionsscheibe aus Staub und Gas um das supermassereiche schwarze Loch im Zentrum der Galaxie M87, aufgenommen mit dem EHT.

Schwarze Löcher sind die faszinierendsten und gleichzeitig gruseligsten Objekte im Universum, bekannt aus Science-Fiction-Filmen wie *Interstellar*. Wir werden uns später noch ausführlicher mit ihnen beschäftigen, an dieser Stelle nur so viel: Sie sind extrem massereich und dicht und lassen nichts entkommen, was ihnen zu nahe kommt. Gas, Staub, ein vorbeifliegender Matthew McConaughey und sogar Licht: Ist der sogenannte Ereignishorizont einmal überschritten, kann nichts mehr entweichen.

Paradoxerweise heißt das, dass man gar kein Foto von einem schwarzen Loch machen kann. Denn wenn kein Licht entkommt, kann auch nichts fotografiert werden. Was man aber sehr wohl fotografieren kann, ist die Strahlung der Materie, die sich sozusagen in einer Todesspirale um das schwarze Loch herum befindet und dort eine Akkretionsscheibe aus sich ansammelndem Staub und Gas bildet. Das Leuchten genau dieser Scheibe sieht man als orangefarbenen Kringel im Bild des schwarzen Lochs. Dabei ist das schwarze Loch in der Mitte nicht wirklich das schwarze Loch, sondern der ungefähr zweieinhalbmal größere Bereich, um den das Licht herumgelenkt wird: der Schatten des schwarzen Lochs. Klingt wie der Titel eines schlechten Horrorfilms, ich weiß.

Der Horror ist es auch, schwarze Löcher zu fotografieren. Denn die sind verdammt klein, zumindest für astronomische Verhältnisse. Das erste schwarze Loch, von dem ein Bild gemacht wurde, befindet sich im Zentrum der aktiven Riesengalaxie M87 und hat eine unvorstellbare Masse von 6,5 Milliarden Sonnen[14]. Dabei ist sein Durchmesser mit 40 Milliarden Kilometern aber nur ungefähr doppelt so groß wie der heutige Abstand der Raumsonde *Voyager 1* zur Sonne mit gut 20 Milliarden Kilometern.

Das schwarze Loch ist also – seiner riesigen Masse zum Trotz – nicht viel größer als unser Sonnensystem, das *Voyager 1* unter großem Tamtam 2012 verlassen hat. An dieser Stelle ein Hoch auf die beiden *Voyager*-Sonden, deren Reise und Entdeckungen maßgeblich meinen Wunsch mitgeprägt haben, Astronomin zu werden. Und jetzt sind sie die entferntesten Außenposten der Menschheit, die aber, um wieder zum schwarzen Loch zurückzukommen, aus Sicht einer anderen Galaxie quasi noch nicht mal den Hafen verlassen haben.

Soll heißen: Ein Durchmesser von 40 Milliarden Kilometern hört sich zwar viel an, ist aber auf den Himmel projiziert irre klein, wenn das Ding 55 Millionen Lichtjahre (oder 500 Millionen Billionen Kilometer!) von uns entfernt ist wie M87. Der orangefarbene Kringel, den wir auf dem Bild sehen, ist nur etwa so groß, wie uns ein amerikanischer Donut auf dem (mit einem Erdabstand von knapp 400 000 Kilometern vergleichsweise sehr nahen) Mond erscheinen würde!

Das ist extrem klein, aber von uns aus gesehen immer noch größer als andere schwarze Löcher, mit einer wichtigen Ausnahme: dem massereichen schwarzen Loch im Zentrum unserer eigenen Galaxie. Bekannt als *Sag A*, ist dieses schwarze Loch weniger als ein Tausendstel so groß und massereich wie das in M87, hat aber für Beobachter den entscheidenden Vorteil, uns auch mehr als tausendmal näher zu sein. Auf den Himmel projiziert haben die beiden sehr unterschiedlichen schwarzen Löcher in etwa den gleichen Durchmesser, weswegen auch beide auf der Prioritätenliste für das EHT ganz oben standen und schon 2017 beobachtet wurden. Allerdings gestaltete sich die Datenanalyse für „unser" schwarzes Loch extrem aufwändig.

Anders als beim vergleichsweise trägen schwarzen Loch in M87 änderte sich die Form der Akkretionsscheibe und damit die ankommende Strahlung während der Aufnahmen ständig. Wie beim Fotografieren von sich bewegenden Menschen oder Tieren unter schlechten Lichtverhältnissen verwackelte das Bild bis zur Unkenntlichkeit und musste mühsam auseinandergezwirbelt und korrigiert werden.

Ich glaube, viele von uns Astronominnen hatten das Warten schon aufgegeben, als im Frühjahr 2022 doch noch die Sensation gelang und das heiß ersehnte Bild von *Sag A** der Öffentlichkeit präsentiert werden konnte[15].

Dass das EHT genau die nötige Auflösung erreicht, um die beiden schwarzen Löcher zu fotografieren, ist kein Zufall – aber doch auch kosmisches Glück. Denn die Erde ist gerade so groß genug, dass wir einzelne Antennen weit genug auseinanderstellen können, um mit Interferometrie ein Mega-Teleskop zu bauen, das im Millimeter-Wellenlängenbereich die nötige Bildauflösung erzielen kann.

Natürlich könnten wir auch kürzere Wellenlängen beobachten und so mit einem kleineren Teleskop die gleiche Bildauflösung erreichen. Aber so weit sind wir technisch noch nicht – denn je kleiner die Wellenlänge, desto anspruchsvoller ist das Zusammenschalten mehrerer Teleskope via Interferometrie. Ein optisches Teleskop bräuchte einen Durchmesser von ungefähr vier Kilometern, um die beiden schwarzen Löcher, die wir mit dem EHT beobachten konnten, abzulichten. Zum Vergleich: beim Infrarot-Interferometer VLTI[16] stehen die einzelnen Teleskope maximal 140 Meter auseinander, da es bei größeren Entfernungen zu schwierig wird, die Wellenberge exakt aufeinander zu legen. Also – wir hatten Glück. Oder leben gerade in der richtigen Zeit. Der Epoche, in der wir unseren gesamten Planeten in ein einziges riesiges Mikrowellenteleskop verwandeln können.

GELB

INFRAROT-
STRAHLUNG

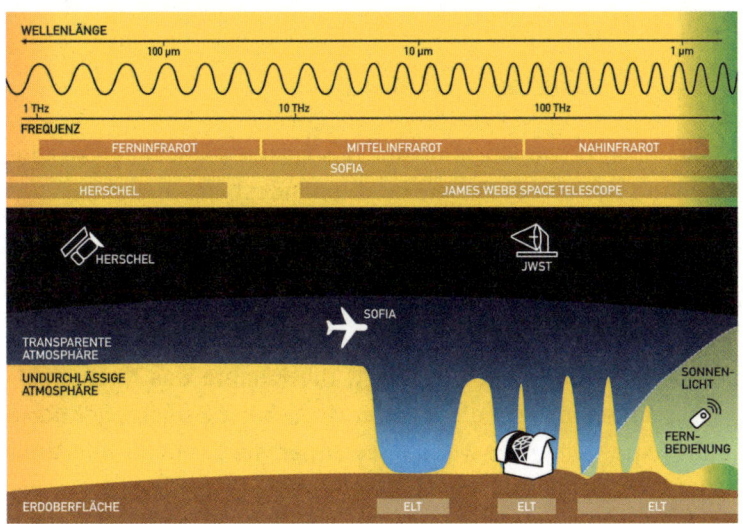

achtsichtgeräte gehören für (Nachwuchs-)Detektivinnen zum Standardrepertoire – das wusste meine Nichte schon mit acht Jahren. Und ich als liebende Tante wurde dann geschickt eingespannt, ihr eins dieser relativ teuren Dinger zu kaufen. Schließlich konnte es ja auch nicht in meinem Interesse sein, die Bösewichte in der unmittelbaren Umgebung unentdeckt ihres dunklen Amtes walten zu lassen. Und überhaupt sei ja Weihnachten und ich die allerbeste Tante der Welt. Klar, dass ich mich schnell überreden ließ – vor allem, weil ich die Geschenkidee selbst auch cool fand. Meine Nichte wusste schon, warum sie sich mit ihrem Wunsch an mich wandte (ihr kleiner Bruder benutzte dann die gleiche Strategie, um ein eigenes Teleskop zu bekommen ... Kinder lernen so was sehr schnell!). Und ich habe

STECKBRIEF

Wellenlänge: 780 nm–0,3 mm
Frequenz: 1–385 THz
Teleskope: ELT, JWST, Sofia, Herschel
Astronomische Quellen: (Exo-)Planeten, Sternentstehungswolken, Sternenstaub
Anwendung: Nachtsichtgeräte, Fernbedienungen, Heizstrahler

es nicht bereut: Im Stockdunkeln (als Einzige!) klar sehen zu können hatte was von Zauberei. Fand zumindest meine Nichte. Ich erklärte ihr natürlich sofort, dass das keine Zauberei sei, sondern Physik. Das Gerät hat nämlich einen Infrarotstrahl, der die Umgebung beleuchtet – allerdings können unsere Augen ihn nicht wahrnehmen, weil die Wellenlänge etwas über dem sichtbaren Wellenlängenbereich liegt. Die Kamera des Nachtsichtgeräts dagegen sieht die aus der Umgebung zurückreflektierte Infrarotstrahlung sehr wohl und wandelt sie in ein für uns Menschen sichtbares Bild um. Genial, und dabei so einfach! Da waren meine Nichte und ich uns einig.

Genial einfach ist auch die Funktion von Fernbedienungen, die zum Großteil mit Infrarot-Leuchtdioden arbeiten. Diese für uns unsichtbare Strahlung wird dann vom Empfänger im Fernsehen oder der Stereoanlage ausgelesen. Ähnlich wie bei der Radiokommunikation werden dabei die Lichtwellen mit den zu übertragenden Informationen moduliert. Wir erinnern uns: der tanzende Cowboy auf seinem Pferd, das gleichmäßig Richtung Empfänger galoppiert. Nur dass im Falle der Infrarot-Fernbedienung die Pferde nicht als durchgehender Herdenschwall ankommen, sondern grüppchenweise.

Denn das Infrarotsignal wird mit einer charakteristischen Frequenz an- und ausgeschaltet – das Licht flackert also. Gut, dass wir das mit unseren Augen nicht sehen können, sonst würden wir beim Zappen durch die vielen Fernsehprogramme komplett kirre werden. Mit der Handykamera allerdings kann man das flackernde Signal ganz gut einfangen, einfach mal zu Hause ausprobieren!

Das Flackern dient dazu, sowohl die nötigen Informationen („Programm wechseln!") zu übermitteln als auch Störsignale (wie zum Beispiel von Lampen) auszublenden. Im Gegensatz zu Funkfernbedienungen, wie man sie zum Beispiel zum Öffnen von Garagentoren verwendet, brauchen Infrarotfernbedienungen eine relativ klare Sicht auf den Empfänger. Was mich jedes Mal nervt, wenn ich in meiner kleinen Wohnung Wäsche zum Trocknen aufgehängt habe: Der einzige Platz, wo sie nicht stört, wäre eigentlich direkt vor meiner Stereoanlage. Da stört sie aber eben doch, wenn ich die Anlage per Fernbedienung von der Couch aus anschalten möchte. Das führt dann meist zu akrobatischen Verrenkungen meinerseits, bis die Fernbedienung irgendwann freie Sicht auf den Empfänger hat und die Anlage endlich anspringt. Infrarotstrahlung ist nämlich im Vergleich zur Mikrowellen- und vor allem zur Radiostrahlung relativ kurzwellig und wird deswegen von Wänden und auch dickeren Kleidungsstücken reflektiert, anstatt hindurchzudringen. Wie der Cowboy auf seinem Pferd muss das Infrarotlicht beim ersten größeren Hindernis wieder umkehren. Das ist gut, wenn man die Umgebung mit einer Nachtsichtbrille erkunden will, aber schlecht, wenn man die Anlage hinter dem Wäscheständer bedienen will.

Sowohl Nachtsichtgeräte als auch Fernbedienungen arbeiten im Nahinfrarotbereich: dem kurzwelligsten Teil des Infrarotspektrums. „Nah" wird er genannt, weil er nahe am sichtbaren Wellenlängenbereich ist und direkt an „Rot" angrenzt. Viele normale Kameras können diesen Bereich einfangen, indem sie mit reflektiertem Licht arbeiten – in unseren Beispielen dem Strahl des Nachtsichtgerätes oder dem Flackern der Fernbedienung.

Aber auch die Sonne gibt im Nahinfrarotbereich Strahlung ab. Das macht man sich zum Beispiel bei der Vegetationsanalyse zunutze: Chlorophyll reflektiert im nahen Infrarot nämlich deutlich stärker als im sichtbaren Spektrum. So erscheinen Pflanzen und das Laub von Bäumen in Nahinfrarot-Bildern strahlend weiß. Das sieht nicht nur wunderbar gespenstisch aus, sondern hilft auch, unterschiedliche Vegetationsarten zu erkennen und sogar deren Vitalität zu bestimmen. Dadurch kann man gezielt eingreifen, um Grünflächen und Wälder zu schützen.

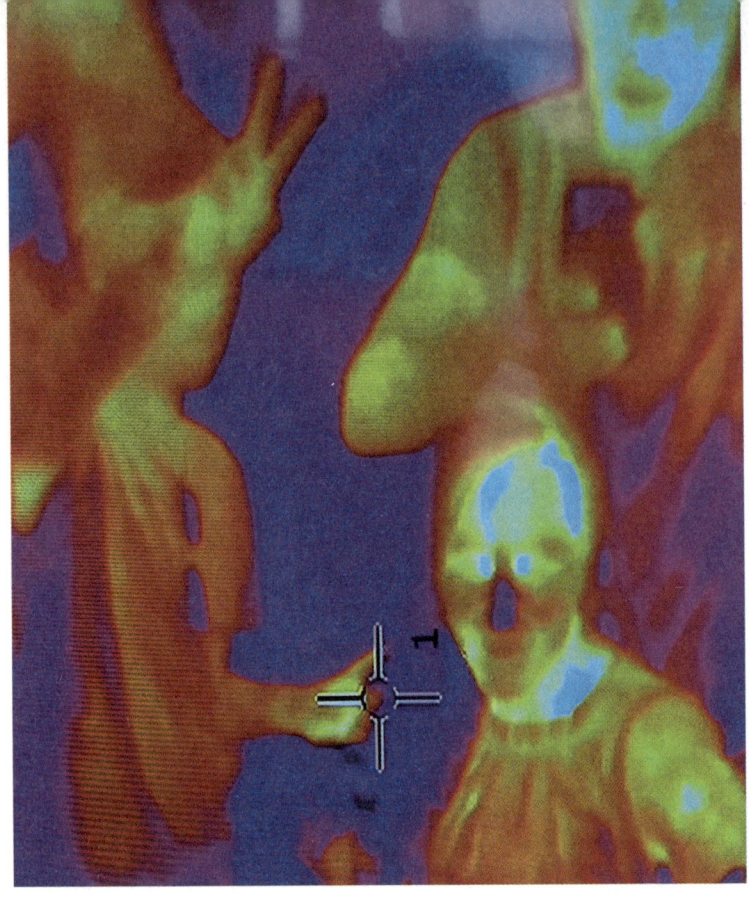

Wärmebild von mir und zwei Freunden - mich erkennst du leicht an der kalten Nase!

Solche Nahinfrarotbilder sind zu unterscheiden von Wärmebildern, bei denen vorrangig die Infrarotstrahlung der abzubildenden Dinge selbst eingefangen wird – nicht das zurückreflektierte Licht der Sonne oder anderer Quellen. Denn relativ warme Objekte, wie zum Beispiel der menschliche Körper, leuchten vorwiegend im Mittelinfrarot-Wellenlängenbereich. „Sie strahlte von Kopf bis Fuß" kann man also durchaus wörtlich nehmen! In unserem Besucherzentrum, der ESO Supernova in Garching bei München, kann man das selbst erleben: da gibt es eine Wärmebildkamera, vor der man posieren und Selfies machen kann. Die Effekte, die man dabei beobachten kann, sind erstaunlich: wenn man durch Rubbeln zum Beispiel auf dem T-Shirt Wärme erzeugt, leuchtet der Bereich auf dem Wärmebild mehrere Sekunden lang auf, bevor er wieder abkühlt.

Und bei mir ist dort, wo die Nase sein sollte, immer nur ein dunkler Fleck – anscheinend ist meine Nase besonders kalt! Die bräuchte wohl einen dieser Heizpilze, wie man sie manchmal im Außenbereich von Cafés findet. Anders als herkömmliche Heizkörper erwärmen solche Strahler nicht primär die angrenzende Luft, sondern heizen die bestrahlte Fläche (also die druntersitzenden Menschen und ganz speziell meine Nase) direkt durch die abgegebene Infrarotstrahlung auf. Deswegen funktionieren sie ja so gut im Freien!

Das ist wie bei Sonnenstrahlen: egal wie kalt die Lufttemperatur ist, in der direkten Sonne ist es trotzdem noch relativ warm. Das ist mir während der Zeit meiner Doktorarbeit in Montreal ganz besonders aufgefallen: Selbst bei minus 25 Grad Celsius (im Winter keine Seltenheit!) war es in der Sonne noch halbwegs erträglich. Aber sobald die Sonne weg war, hieß es Pizza bestellen, mit den Mitbewohnerinnen *Sex and the City* schauen und bloß nicht vor die Tür gehen!

Auf ins Weltall!

Kälter als in Montreal im Februar ist es eigentlich nur noch im Weltraum. Zumindest, wenn man sich nicht in der direkten Sonne befindet – da kann es durchaus heiß werden, und zwar so richtig. Die Außentemperatur der Internationalen Raumstation ISS erreicht auf der Sonnenseite ihrer anderthalbstündigen Umlaufbahn um die Erde bis zu 120 Grad Celsius! Dafür wird es auf der Schattenseite zapfige minus 160 Grad kalt … brrr! Denn anders als in Montreal fehlt im Weltraum die Wärmeregulierung durch unsere Atmosphäre, die selbst in der kältesten Winternacht noch ein bisschen Wärme gespeichert hat. Keine Sorge: im Inneren der ISS wird die Temperatur natürlich reguliert, damit die Astronauten sich wohlfühlen. Und beim Weltraumspaziergang übernimmt der Raumanzug diese Funktion.

Nicht nur Menschen, sondern auch Weltraumteleskope müssen vor der extremen Hitze der direkten Sonneneinstrahlung geschützt werden. Ganz besonders wichtig ist das beim neusten Weltraumobservatorium der Superlative: dem *James Webb Space Telescope*, kurz JWST genannt. Das JWST soll nämlich sehr schwache Signale von sehr weit entfernten Objekten messen können – und zwar im Nah- bis Mittelinfrarotbereich. Klar, dass das Teleskop und die Instrumente von jeglicher Wärmestrahlung der Sonne abgeschirmt werden müssen.

Denn die würde schwache Strahlungsquellen aus den Fernen des Universums komplett übertünchen wie ein großer Eimer Farbe, der über einem kleinen Tintenklecks ausgeleert wird. Der Sonnenschirm des JWST ist so groß wie ein Tennisplatz, besteht aus fünf extrem dünnen, rautenförmigen Schichten eines speziell angepassten Materials und kühlt die Schattenseite (und damit das Teleskop) auf unter minus 220 Grad Celsius runter!

Mir persönlich wäre das etwas frostig, aber für Infrarot-Beobachtungen ist die Kälte des Weltraums ein Segen. Denn auf der Erde müssen Instrumente und Kameras aufwändig gekühlt werden, damit ihre eigene Wärmestrahlung nicht mit dem Infrarotlicht aus den Tiefen des Kosmos konkurriert (Spoiler: Die Instrumente würden haushoch gewinnen!) Beim JWST hingegen kommen die meisten Instrumente dank des extrem großen Sonnenschirms ohne aktive Kühlung aus – ein riesiger Vorteil, wenn man ein Teleskop 1,5 Millionen Kilometer von der Erde entfernt betreiben will.

Das JWST sitzt am sogenannten Lagrange-Punkt L2, der 1,5 Millionen Kilometer außerhalb der Erdumlaufbahn zusammen mit der Erde um die Sonne kreist. Dieser Punkt ist einer der Sweet-

Künstlerische Darstellung des *James Webb Space Telescope.*

spots im Sonne-Erde-System, an dem ein für kosmische Verhältnisse leichtes Objekt (wie zum Beispiel ein 6,2 Tonnen schweres
Weltraumteleskop) ohne großartige Schubkraft „geparkt" werden
kann. Wie bei einer Autofähre muss man zwar selbst hinfahren,
kann das Auto dann aber gemütlich abstellen und sich entspannt
zurücklehnen und Richtung Insel und Urlaub treiben lassen. Oder
eben im Fall des JWST auf der Außenseite der Erde um die Sonne
herum. Während ich mit ein bisschen Glück im Urlaub ein paar
Sonnenstrahlen abbekomme, hat der L2 die Eigenschaft, dass
die Parkrichtung bezogen auf die Sonne immer beibehalten wird.
Das heißt: Wenn das Teleskop einmal so positioniert wird, dass
es von der Sonne wegschaut, dann bleibt das auch so.

Und der Sonnenschirm tut sein Übriges, um das Teleskop ja
keinen einzigen Sonnenstrahl erhaschen zu lassen. Gut, dass ich
und das JWST sehr unterschiedliche Vorstellungen von der optimalen Sonnendosis haben!

Warum überhaupt ein Teleskop im Weltraum parken? Das JWST kostet immerhin 10 Milliarden US-Dollar, fast achtmal so viel wie ALMA mit seinen 66 Antennen – und das für ein einziges Teleskop mit „nur" 6,5 Metern Durchmesser. Damit ist es zwar das größte Weltraumteleskop aller Zeiten, aber im Vergleich zu Infrarotteleskopen auf der Erdoberfläche wirklich nichts Besonderes. Es ist einfach technisch wahnsinnig anspruchsvoll und teuer, ein Teleskop in den Weltraum zu befördern.

Das JWST ist zudem so groß, dass sowohl der Hauptspiegel (der aus 18 einzelnen sechseckigen Spiegeln besteht) als auch das Sonnensegel zum Start in der Trägerrakete eingeklappt werden mussten und sich dann während der Reise zum L2 wie Origami entfalteten. Das Risiko, dass dabei etwas schiefgeht, ist enorm – und anders als bei ALMA kann man nicht mal eben schnell hochfahren und es reparieren.

Dafür bietet der Weltraum einen entscheidenden Vorteil gegenüber der Erde für astronomische Beobachtungen: Es gibt keine Atmosphäre, an der die Strahlung vorbeimuss. Dass die Atmosphäre viele Wellenlängen einfach nicht bis zur Erdoberfläche durchlässt, haben wir ja schon bei den sehr langen Radiowellen und den kürzeren Mikrowellen gesehen. Im Infrarotbereich ist die Lage ziemlich kompliziert: In einigen Teilen des Nahinfrarotbereichs dringen die Wellen ähnlich gut wie das sichtbare Licht zu uns durch, im Mittelinfrarotbereich werden diese „durchsichtigen" Fenster allerdings schon seltener und im Ferninfrarot geht von der Erdoberfläche aus gar nichts mehr. Da muss man wirklich über der Atmosphäre sein, um überhaupt was zu sehen – wie zum Beispiel das *Herschel* Weltraumteleskop, das von 2009 bis 2013 den L2 unsicher machte und im Ferninfrarot staubige Galaxien und gerade erst entstehende Sterne beobachtete. Und übrigens nach dem Entdecker der Infrarotstrahlung und des Planeten Uranus, William Herschel, benannt wurde. Auch keine schlechte

Art, geehrt zu werden – aber physikalische Einheiten sind langlebiger als Weltraumteleskope, und somit glaube ich immer noch meine erste Wahl. Wobei *Suzanna Randall Space Telescope* auch was hat. Für mich zumindest.

Eine andere Möglichkeit, den Großteil der Erdatmosphäre unter sich zu lassen, besteht darin, in einem Flugzeug zu fliegen. Von dort aus sieht man die Sterne immer besonders schön, auch wenn die Kabinenbeleuchtung und der schnarchende Sitznachbar das romantische Erlebnis etwas schmälern. Und ja: Auch Teleskope reisen mit dem Flugzeug – und beobachten dabei den Himmel! SOFIA, das stratosphärische Observatorium für Infrarotastronomie, ist ein Teleskop mit 2,7 Metern Durchmesser, das fest an Bord einer Boeing 747 installiert ist. Weil Flugzeugfenster nicht gerade für ihre hervorragende Optik bekannt sind, hat der Rumpf an der entsprechenden Stelle einfach ein Loch.

Mit Flughöhen von zwischen 37 000 und 45 000 Fuß ist SOFIA atmosphärentechnisch betrachtet fast im Weltraum und schwebt über 99 % des Wasserdampfs unserer Atmosphäre. Für diejenigen, die sich über die eher unwissenschaftliche Längeneinheit „Fuß" wundern: in der Luftfahrt werden Höhen auch hier in Deutschland in Fuß statt in den metrischen Einheiten Meter und Kilometer angegeben. Das hat mich am Anfang meiner fliegerischen Ausbildung extrem verwirrt, aber man gewöhnt sich an alles. Und ich rede mir ein, dass so zumindest mein Fuß eine nach ihm benannte Einheit hat. Wobei mein Schuhgröße 36 Füßlein wohl eher nicht der Maßstab war.

Kommen wir zurück zum Mega-Weltraumteleskop JWST: das beobachtet im Nah- und Mittelinfrarotbereich – also bei Wellenlängen, die zumindest teilweise auch von der Erdoberfläche aus sichtbar sind. Und trotzdem stört die Atmosphäre: Denn selbst in der dunkelsten, klarsten Nacht gibt die Umgebungsluft Infrarotstrahlung ab! Und das meist sehr viel mehr als die weit entfernten Himmelskörper, die wir beobachten wollen. Diese atmosphärische Hintergrundstrahlung muss aufwändig bestimmt und herausgerechnet werden, mindert letztendlich aber trotzdem die Qualität der Daten.

Außerdem ist die Atmosphäre ständig in Bewegung und verzerrt so unseren Blick in den Himmel: die Sterne scheinen zu funkeln. Was in der lauen Sommernacht am Meer natürlich wunderschön und romantisch ist, bei wissenschaftlichen Beobachtungen dagegen extrem nervt. Im Weltall, ohne Atmosphäre, funkeln die Sterne nicht. Ungünstig für Astronauten, die auf der Suche nach einer Liebschaft sind – aber perfekt, um gestochen scharfe Aufnahmen des Kosmos zu machen. Und die braucht es auch, um die wissenschaftlichen Missionen des JWST zu erfüllen. Unter anderem soll es die Atmosphären von Exoplaneten untersuchen können – und so auch Planeten, die womöglich der Erde ähneln, finden.

Die Suche nach fremden Welten

Als ich begann, mich für Astronomie und das Weltall zu interessieren, kannte man genau neun Planeten – die unseres eigenen Sonnensystems. Ich war als Kind stolz darauf, alle der Reihe nach aufsagen zu können: Merkur, Venus, Erde, Mars, Jupiter, Saturn, Uranus, Neptun und Pluto. Irgendwo zwischen Mars und Jupiter gab es noch ein paar Asteroiden, aber das war's dann auch. Alles schön übersichtlich, selbst für eine Neunjährige. Inzwischen – gute dreißig Jahre später – ist nicht nur unsere eigene Welt, sondern auch unser Verständnis anderer Welten sehr viel komplexer geworden. Pluto ist kein Planet mehr, sondern zu einem von vielen Zwergplaneten herabgestuft worden. Wir haben frei-schwebende Planeten gefunden und exotische Objekte, die irgendwo zwischen Riesenplanet und Kleinststern angesiedelt sind. Und vor allem haben wir mehrere Tausend (!) neue Planeten entdeckt, die aber nicht wie wir um die Sonne, sondern um andere Sterne kreisen – die Exoplaneten.

Exoplaneten haben eine explosive Karriere hingelegt: In wenigen Dekaden entwickelten sie sich von Traumwelten, zwischen denen nur die mit Phantasie Gesegneten per Anhalter durch die Galaxis pendeln konnten, zu einem der bedeutendsten Forschungsgebiete der Astrophysik. Der Startschuss fiel 1992, als gleich zwei Exoplaneten um ein und denselben Stern entdeckt wurden – allerdings einer Sorte Stern, bei dem man nicht unbedingt Planeten vermutet hätte. Denn *Poltergeist* und *Phobetor* (so lauten die offiziellen Namen der beiden Planeten – da soll mal einer sagen, Wissenschaftler seien nicht kreativ!) kreisen um einen Pulsar, also eher ein explodiertes Sternüberbleibsel als ein richtiger Stern[17]. Dieser folgte aber bald: 1995 gaben Michel Mayor und Didier Queloz die Entdeckung eines Planeten um den sonnenähnlichen Stern *51 Pegasi* bekannt[18] – eine Sensation, für die es 2019 den Nobelpreis für Physik gab. Lustigerweise wurden diese bahnbrechenden Beobachtungen am *Observatoire de Haute Provence* gemacht, einem relativ kleinen Observatorium im Süden Frankreichs, das ich ein paar Jahre später im Rahmen meines Astronomie-Studiums in London zusammen mit einer Gruppe von Kommilitonen besuchen durfte. Ich muss gestehen, dass ich mich kaum an unsere Beobachtungsprojekte erinnere – dafür umso mehr an das phänomenale Essen und den gut bestückten Weinkeller, den wir in einer wolkigen Nacht komplett plünderten. Der ELODIE Spektrograph, mit dem der *51 Pegasi* Exoplanet gefunden wurde, ist mir jedoch in Erinnerung geblieben – selbst als feierlustige Studentin war mir die historische Tragweite dieser Entdeckung klar.

Wie entdeckt man aber nun einen Exoplaneten? Nicht umsonst hat es bis in die neunziger Jahre gedauert, bis man den ersten aufgespürt hatte. Denn direkt kann man Exoplaneten kaum sehen – sie leuchten im Vergleich zu ihrem Stern einfach viel zu schwach und werden komplett von ihm überstrahlt. Deswegen war bis jetzt in den allermeisten Fällen ein Nachweis nur indirekt möglich. Eine der historisch erfolgreichsten Methoden (mit der auch der *51 Pegasi* Planet entdeckt wurde) ist die Messung der sogenannten Radialgeschwindigkeit des Sterns – dafür muss man den Planeten selbst gar nicht sehen!

Denn die Anziehungskraft zwischen den beiden sorgt nicht nur dafür, dass der Planet um seinen Stern kreist, sondern bringt auch den Stern selbst zum Wackeln. Nur ganz leicht, denn der Stern ist sehr viel massereicher und lässt sich dementsprechend sehr viel weniger beeinflussen als der leichte Planet. Das Wackeln des Sterns ist so geringfügig, dass man einen Trick benutzen muss, um es überhaupt zu sehen. Und damit kommen wir zurück zu Spektrallinien und dem Doppler-Effekt. Der ist in der Astronomie immer gern gesehen, wenn es darum geht, die Bewegungen irgendwelcher Objekte zu erkunden.

Egal ob das Wasserstoffansammlungen am Rande von Galaxien sind (siehe Kapitel *Rot*) oder eben wackelnde Sterne: findet eine Bewegung zu uns hin statt, verschieben sich die Spektrallinien hin zu kürzeren Wellenlängen (Blauverschiebung). Bewegt sich etwas von uns weg, verschieben die Linien sich hin zu längeren Wellenlängen (Rotverschiebung). Durch das Wackeln des Sterns verschieben sich also seine Spektrallinien hin und her, umso mehr, je schneller sich der Stern bewegt. Diese Bewegung kann man messen und daraus nicht nur ableiten, dass der Stern wackelt, sondern auch wie stark und wie schnell. Daraus wiederum kann man Schlüsse auf die Masse des oder der Planeten sowie deren Umlaufzeit um den Stern ziehen. Genial, oder?

Die Radialgeschwindigkeitsmethode stößt aber auch schnell an ihre Grenzen, vor allem wenn es darum geht, erdähnliche (also relativ massearme) Planeten zu entdecken. Denn je massereicher der Planet und je näher er sich an seinem Stern befindet, desto stärker wackelt der Stern und desto leichter kann man auch die Verschiebung der Spektrallinien messen. Deswegen werden mit dieser Technik vor allem Gasriesen entdeckt.

Der Name ist dabei Programm: Diese Planeten sind riesig, ähnlich groß oder noch größer als der Saturn oder Jupiter und Hunderte Male so massereich wie die Erde. Und sie bestehen zum Großteil aus leichten Gasen wie Wasserstoff und Helium. Darin ähneln sie eher einem Stern als einem Planeten – tatsächlich verläuft die Grenze zwischen Planeten und Sternen fließend, wie wir gleich noch sehen werden.

Einige der Gasriesen sind sogar so heiß wie Sterne: die sogenannten *Hot Jupiters* kreisen mitunter in wenigen Tagen (!) um ihren Stern, sind dementsprechend nah an ihm dran und kriegen die volle Dröhnung seiner Strahlung ab. So können sie sich leicht

Künstlerische Darstellung unterschiedlicher Klassen von Exoplaneten.

auf mehrere Tausend Grad Celsius aufheizen, was sie sich wie ein Luftballon aufblähen lässt. Sie haben dann eine so geringe Dichte, dass sie wie Styropor auf dem Wasser schwimmen würden – vorausgesetzt, es gäbe eine Monsterbadewanne groß genug, um sie zu fassen. Es gibt aber auch warme, kühle und kalte Gasriesen, die weiter draußen ihre Bahnen ziehen, ähnlich wie bei uns der Jupiter und der Saturn. Die bringen ihre Sterne zwar etwas weniger zum Wackeln, aber aufgrund ihrer großen Masse immer noch genug, dass man es unter günstigen Umständen gerade noch messen kann.

Um weniger massereiche Planeten zu finden, wird meist die Transit-Methode benutzt. In den letzten Jahren hat sie sich als erfolgreichste Technik, um auch kleinere Planeten zu entdecken, etabliert. Das ist vor allem einigen Weltraumteleskopen zu verdanken, die jahrelang tagein, tagaus nichts anderes tun, als die Helligkeitsschwankungen von Sternen zu überwachen. Das Prinzip beim Planetentransit ist das gleiche wie bei einer Sonnenfinsternis: Wenn der Mond sich genau zwischen Sonne und Erde schiebt, wird es dunkel, kalt und ziemlich unheimlich. Auch dann, wenn man die Sonne nicht direkt sehen kann.

Ich werde nie die Sonnenfinsternis im Juli 2009 in Shanghai vergessen: bei über 40 Grad und fast hundert Prozent Luftfeuchtigkeit stand ich mit einer Gruppe von Kolleginnen halb schmelzend in einem Park, entgegen jeglicher Vernunft hoffend, dass sich die dicke Wolkendecke einen Augenblick lang lichten würde. Das tat sie leider nicht. Dafür brach just in dem Moment, als der Mond sich vor die Sonne schob, von tiefem Donnergrollen begleiteter Platzregen los, dazu verfinsterte sich der Himmel und das Zirpen und Summen der vielen Insekten setzte auf einen Schlag aus.

Ich kann nicht behaupten, diese Sonnenfinsternis wirklich gesehen zu haben – dafür war das emotionale Erlebnis ziemlich beeindruckend. Denn der Mond hat genau die richtige Entfernung und Größe, um die Sonne komplett zu verdecken. Ein Exoplaneten-Transit ist dagegen unspektakulär: wenn sich der Planet vor seinen Stern schiebt, verringert sich dessen Helligkeit typischerweise um weniger als ein Prozent, bei kleinen, erdähnlichen Planeten sogar noch viel weniger. Da muss man schon ganz genau hingucken! Und man entdeckt so natürlich nur die Planeten, die sich aus Sicht des Beobachters vor ihren Stern schieben, das sind statistisch gesehen meist diejenigen, die nah an ihm dran sind. Kleinere Planeten, die ihre Sterne in größerer Entfernung umkreisen, bleiben unsichtbar.

Gibt es eine Erde 2.0?

Exoplaneten können je nach Masse, Größe und chemischer Zusammensetzung klassifiziert werden. Neben den Gasriesen gibt es Neptun-ähnliche Exoplaneten, die (wie auch hier der Name schon sagt – Astronomen können manchmal wirklich sehr pragmatisch sein!) eine ähnliche Größe wie der Neptun oder der Uranus haben (ungefähr viermal so groß und 15- bis 20-mal so massereich wie die Erde) sowie dicke Wasserstoff- und/oder Heliumhüllen und einen felsigen Kern. Diese findet man bevorzugt etwas weiter weg von ihrem Stern als zum Beispiel die *Hot Jupiters* (es gibt auch einige wenige *Hot Neptunes*, aber die bilden eher die Ausnahme) und jenseits der Schneelinie sind sie wahrscheinlich die am häufigsten anzutreffenden Planeten[19].

Da es dort eiskalt ist, werden solche Planeten auch Eisriesen genannt. Ich weiß nicht, wie es dir geht – aber ich denke dabei sofort an phantastische Kreaturen, die einer Kreuzung von *Herr der Ringe* und *Anna und Elsa* entsprungen sein könnten. Wahrscheinlich schaue ich zu viele Filme. Anders als unser Sonnensystem haben viele andere Stern-Planeten-Systeme auch *Mini-Neptune*. Der Name ist eigentlich selbsterklärend, das sind einfach etwas kleinere Neptun-ähnliche Planeten – mein filmge-schädigtes Hirn denkt natürlich sofort an das Mini-Me von *Dr. Evil* aus *Austin Powers*. Dann gibt es noch die *Supererden*, die sind etwas größer als die Erde mit (je nach Definition) circa zwei bis zehn Erdmassen. Bin ich die Einzige, die sofort an *Superman* denkt? OK, ich gebe es zu: Ich schaue definitiv zu viele Filme.

Interessanterweise scheinen *Supererden* und *Mini-Neptune* zu den häufigsten Planeten überhaupt zu zählen – glänzen aber in unserem eigenen Sonnensystem durch komplette Abwesen-heit. Dagegen sind Planeten mit einer Masse ähnlich der Erde oder der anderen Felsenplaneten Merkur, Venus und Mars unse-res Sonnensystems auch in anderen Stern-Planetensystemen zu finden: das *Trappist-1* System beherbergt gleich sieben (!) erd-ähnliche Planeten[20].

Diese Entdeckung sorgte natürlich für Furore: Könnte es nur 40 Lichtjahre von uns entfernt nicht nur eine zweite Erde ge-ben, sondern gleich mehrere? Und damit eventuell auch außer-irdisches Leben? Vielleicht. Vielleicht aber auch nicht. Denn die Klassifizierung „erdähnlich" heißt erst mal nur, dass der Planet eine ähnliche Masse und Größe hat wie die Erde, nicht dass Mc-Donald's dort schon eine Filiale eröffnet hat. Mit ein bisschen Phantasie kann man sich aber vorstellen, wie es auf solchen Exo-planeten aussehen könnte, welche Farben die Landschaft hätte und welche Himmelskörper wohl sichtbar wären. Und von inter-planetaren Reisen träumen, geleitet von wissenschaftlichen Er-kenntnissen. Als Astronomin kann ich das sogar als „arbeiten" verkaufen.

Aber kommen wir zurück zur Realität. Da liefern unsere Be-obachtungen meist nur beschränkte Informationen: Mit der Ra-dialgeschwindigkeitsmethode kann man die Masse eingrenzen, mit der Transitmethode den Durchmesser bestimmen. Die Um-laufzeit (und damit auch die Entfernung zum Stern und die un-

Künstlerische Vision davon, wie es auf einem der Planeten des *Trappist-1* Systems ausse-hen könnte.

gefähre Temperatur) bekommt man mit beiden Techniken, wenn man lange genug beobachtet.

Um nun herauszufinden, ob ein bestimmter Planet vorwiegend aus Gas oder Gestein besteht, muss man die Dichte berechnen, also beide Methoden verbinden. Erst dann kann man sagen, ob eine neu entdeckte *Supererde* ein Felsenplanet oder doch vielleicht eher ein *Mini-Neptun*, also ein Gaszwerg ist. Und nein, zum

Stichwort Gaszwerg fällt mir zum Glück kein Film ein (wenn, dann wäre es wohl ein Horrorfilm). Über die wirklich interessanten Eigenschaften der Exoplaneten weiß man durch diese Beobachtungen des Sterns aber noch nichts. Das ist, wie wenn man beim Onlinedating nur einen minimalistischen Steckbrief des potenziellen Partners bekommt: Größe, Alter, Body-Mass-Index, vielleicht noch die Haar- und Augenfarbe und ein, zwei Hobbys. Das reicht vielleicht für eine erste Vorselektion – um herauszufinden, ob es passt, muss man sich mit dem Menschen unterhalten und ihn wirklich kennenlernen.

Bei Exoplaneten ist das ähnlich: Dank der Beobachtungen des Sterns können wir feststellen, ob sich der Planet in der sogenannten habitablen Zone befindet, also ob aufgrund der Sterneinstrahlung eine Temperatur herrscht, bei der etwaiges Wasser auf der Oberfläche flüssig wäre. Wir können erkennen, ob er vornehmlich aus leichten Gasen oder schwerem Gestein besteht. Ob ein Felsenplanet aber eine Atmosphäre besitzt, wie die beschaffen ist, ob es wirklich flüssiges Wasser gibt oder sogar eine Biosphäre und damit zumindest einfaches Leben – das wissen wir damit noch lange nicht. Dafür müssen wir den Planeten selbst beobachten. Und das ist ganz schön anspruchsvoll.

Wie schon erwähnt, werden Exoplaneten nämlich komplett von ihrem viel helleren Stern überstrahlt. Wenn wir also den Planeten selbst sehen wollen, müssen wir einen Weg finden, den Stern vergleichsweise weniger hell erscheinen zu lassen. Die einfachste Lösung: wir beobachten im Infrarotbereich! Denn Planeten wie die Erde geben hauptsächlich Infrarot-Strahlung ab, die meisten Sterne dagegen kurzwelligere Strahlung. Der Planet erscheint daher im Vergleich zum Stern zwar immer noch sehr blass, aber immerhin ein bisschen heller als im sichtbaren Wellenlängenbereich. Wenn er groß genug und weit genug weg vom Stern ist, kann man ihn sogar direkt ablichten, gerne auch mithilfe eines Koronografen. Und nein, damit zeichnet man nicht die Inzidenz der x-ten Coronaviruswelle auf, sondern blockiert das Licht des Sterns, um den Planeten besser ausmachen zu können. Wie wenn man beim Autofahren die Hand vor die blendende Sonne hält, um nicht gegen den nächsten Baum zu fahren.

Bei Planeten, die relativ eng um ihre Sterne kreisen, funktioniert das leider nicht, da man das Licht der beiden nicht räumlich trennen kann. Mithilfe von Transit-Beobachtungen im Infraroten kann man aber trotzdem nicht nur den Stern, sondern auch die atmosphärische Beschaffenheit des Planeten selbst erahnen. Denn das Licht des Sterns muss auf dem Weg zu uns durch die Atmosphäre des Planeten hindurch – und wird dabei zum Teil absorbiert. Im Spektrum des Sternenlichts sieht man dann Absorptionslinien bei bestimmten Wellenlängen, die den chemischen Bausteinen der Atmosphäre des Planeten entsprechen. Oder man versucht, das Spektrum des Planeten selbst aufzuzeichnen. Dazu braucht man mindestens zwei Aufnahmen: Eine vom Transit, also wenn der Planet aus unserer Sicht vor dem Stern ist und die gemessene Strahlung einer Kombination beider entspricht. Und die zweite, wenn der Planet komplett hinter dem Stern ist und man nur das Licht des Sterns empfängt. Zieht man nun die zweite Aufnahme von der ersten ab, bleibt – Simsalabim! – nur das Licht des Planeten übrig. Und aus dessen Spektrum kann man dann berechnen, woraus die Atmosphäre besteht, wie warm sie ist und sogar, ob es dort Wolken gibt!

Allerdings müssen solche Beobachtungen wahnsinnig genau sein. Selbst *Hot Jupiters*, die aufgrund ihrer riesigen Größe und ihrer Nähe zum Stern sehr viel sichtbarer sind als kleinere, kühlere Planeten, zeigen typischerweise Spektralsignaturen, die nur 0,01 % der Strahlkraft des Sterns entsprechen[21]. Wir suchen also wahrhaftig nach der berühmten Nadel im Heuhaufen.

Ich bin immer wieder beeindruckt, welche Techniken in der Astronomie entwickelt werden, um das eigentlich nicht Sichtbare doch irgendwie erkennbar zu machen. Das ist eine der Sachen, die mich an der Wissenschaft generell fasziniert: Wir verschieben die Grenzen des Machbaren immer wieder, Nanometer um Nanometer – und werden (im besten Fall) irgendwann dafür belohnt. Die Exoplaneten-Forschung entwickelt sich gerade weiter von der reinen Suche und der groben Klassifizierung von fremden Welten bis hin zur Charakterisierung ihrer Atmosphäre, Oberflächenbeschaffenheit und möglicher Biosignaturen.

Die Suche nach außerirdischem Leben ist so was wie der Heilige Gral der Astronomie – nicht umsonst sorgen Entdeckungen vor allem von erdähnlichen Exoplaneten immer wieder für Aufregung und Schlagzeilen. Denn natürlich gehen wir davon aus, dass Leben, so wie wir es kennen, am ehesten auf einem erdähnlichen Planeten anzutreffen ist. Soll heißen: auf einem Felsenplaneten mit flüssigem Wasser auf der Oberfläche und einer sauerstoffhaltigen Atmosphäre, der in der habitablen Zone um einen relativ stabilen Stern kreist und auf dem lange genug Ruhe vor katastrophalen Einschlägen und Zusammenstößen geherrscht hat, damit zumindest einfaches Leben Zeit hatte, sich zu entwickeln. Ob und wie genau einige oder all diese Bedingungen erfüllt werden müssen und mit welcher Wahrscheinlichkeit sich auf einem solchen Planeten Leben entwickeln würde, ist allerdings noch unklar. Wir können uns schließlich nur an einem einzigen Datenpunkt orientieren – dem Leben auf der Erde. Alles andere ist Theorie.

Darüber hinaus steckt die Suche nach einer Erde 2.0 noch in den Kinderschuhen. Wir haben eine unglaubliche Vielfalt von Planetensystemen um alle möglichen Arten von Sternen entdeckt – aber noch keines, das unserem eigenen Sonnensystem ähnelt. Nicht, weil unser Sonnensystem einzigartig wäre, sondern weil unsere Teleskope und Instrumente einfach noch nicht so weit sind, erdähnliche Planeten so weit draußen in anderen Stern-Planetensystemen zu finden. Die erdähnlichen Planeten, die bis jetzt entdeckt wurden, sind sehr viel näher an ihrem Stern als die Erde an der Sonne. Teilweise sind sie trotzdem in der habitablen Zone und könnten damit als „potenziell lebensfreundlich" eingestuft werden. Das liegt daran, dass ihre Sterne wesentlich kühler sind als die Sonne und die habitable Zone damit näher am Stern liegt. Du kannst dir das vorstellen wie bei einer Flamme: Einer brennenden Kerze kannst du dich bis auf wenige Zentimeter nähern und es noch als angenehm empfinden. Bei einem lodernden Feuer dagegen musst du mehrere Meter Abstand halten, um nicht zu überhitzen. Aber eigentlich ist es egal, wie weit du von der Flamme entfernt bist: das Wichtigste ist, dass du es gemütlich hast. Und das gilt wohl genauso für Planeten.

Ob als erdähnlich klassifizierte Planeten in der habitablen Zone (zum Beispiel die des *Trappist-1* Systems) wirklich lebenstauglich sind? Nach Exoplanetenkriterien wäre auch unser Nachbarplanet Venus potenziell lebensfreundlich – und da regnet es immerhin Schwefelsäure! Gut, vielleicht gibt es Mikroorganismen, die auf solche extremen Lebensbedingungen abfahren. Jedem das Seine, sage ich da. Aber von einer Biosphäre, wie wir sie auf der Erde haben, können die Venus und wahrscheinlich die meisten anderen als erdähnlich eingestuften Planeten nur träumen. Leider werden wir noch eine Weile warten müssen, um es wirklich zu wissen. Denn direkte Beobachtungen von Exoplaneten, mit deren Hilfe wir möglicherweise die Zusammensetzung der Atmosphäre bestimmen könnten, waren selbst mit den weltgrößten Teleskopen bis jetzt nur für eine Handvoll Gasriesen möglich. Mit dem 2022 in Betrieb genommenen JWST werden wohl viele weitere Gasriesen sowie Neptun-ähnliche Planeten hinzukommen – die Atmosphäre von erdähnlichen Planeten zu entschlüsseln ist aber selbst für dieses Infrarot-Weltraumteleskop der Superlative schwierig. Eine mögliche Erde 2.0 sicher zu identifizieren wird eine Mammutaufgabe, für die gerade eine ganze Reihe an riesigen Infrarotteleskopen geplant wird. Die Suche nach dem Heiligen Gral fängt gerade erst an.

Und es kommt doch auf die Größe an!

Das meiner Meinung nach spannendste dieser neuen Observatorien befindet sich schon seit einigen Jahren im Bau und soll laut Plan 2027 in Betrieb gehen. Eines der erklärten Ziele ist es, Moleküle wie Kohlendioxid, Methan, Wasser und Sauerstoff in den Atmosphären der nächsten erdähnlichen Exoplaneten zu messen – und damit möglicherweise die allerersten Anzeichen von außerirdischem Leben aufzuspüren. Die Rede ist vom ELT, dem *Extremely Large Telescope* der ESO.

Ich erwähnte ja schon, dass Astronomen bei der Namensgebung gerne pragmatisch vorgehen, und die ESO bildet da keine Ausnahme. Wir haben bereits das VLT, das *Very Large Telescope* – klar, dass wir da beim nächsten Teleskop noch einen draufsetzen müssen. Ursprünglich sollte das ELT übrigens OWL heißen: das *Overwhelmingly Large Telescope*. Und nein, das habe ich mir nicht gerade ausgedacht. Leider stellte sich das OWL als zu teuer heraus, also mussten wir auch den Namen eine Stufe runterskalieren. Aber aufgeschoben ist nicht aufgehoben. Ich würde eine ganze Menge darauf wetten, dass der Name OWL irgendwann in ferner Zukunft noch ein Comeback feiert.

Bis dahin braucht sich das ELT aber nicht zu verstecken, im Gegenteil: mit einem Hauptspiegel von 39 Metern Durchmesser wird es das größte optisch-infrarote Teleskop der Welt. Und zwar bei Weitem. Heute haben solche Teleskope Durchmesser von maximal 8–10 Metern. Das ELT wird fast viermal so groß und damit um die 15-mal mehr Strahlung aus dem Weltraum einfangen können als die größten Teleskope, die heute in Betrieb sind. Ein Riesensprung für die Astronomie, der das Zeug hat, unser Verständnis des Universums zu revolutionieren.

Dazu beobachtet das ELT in einem breiten Wellenlängenbereich, der vom sichtbaren Licht bis in den Mittelinfrarotbereich reicht. Dabei werden vor allem im Mittelinfrarot die paar Fenster, in denen die Atmosphäre transparent ist, geschickt ausgenutzt. Und natürlich braucht das größte Teleskop der Welt auch die bestmöglichen klimatischen Voraussetzungen, wenn es schon nicht im Weltraum sein kann (bei der Größe sowohl technologisch als auch finanziell eher unrealistisch). Es wäre ungünstig, ein 1,3-Milliarden-Euro-Teleskop an einem Ort zu bauen, wo es die Hälfte der Zeit regnet. Dann sucht man sich doch lieber ein Plätzchen, das mit bis zu 350 sternklaren Nächten im Jahr gesegnet ist. Willkommen zurück in der chilenischen Atacama-Wüste!

Künstlerische Darstellung des (fertig gebauten) ELT.

Das ELT wird auf dem *Cerro Armazones* gebaut, rund 400 Kilometer südwestlich von ALMA und in unmittelbarer Nähe des bestehenden großen optischen Teleskops der ESO, dem VLT. Da kann praktischerweise die bestehende Infrastruktur zu einem großen Teil einfach mitgenutzt werden. Und es gibt kaum einen besseren Ort auf diesem Planeten, um im Infrarotbereich zu beobachten. Denn auf dem *Cerro Armazones* ist es nicht nur extrem trocken, die Luftschichten sind auch meist sehr stabil. Und das ist gerade für optische und Infrarotbeobachtungen essenziell. Wenn die Luft turbulent ist, funkeln die Sterne und scheinen im Extremfall im Bild hin und her zu springen – dadurch verwackelt die Aufnahme. Wie wenn ich versuche, eine gesellige Cocktailrunde mit meiner Handykamera für die Ewigkeit festzuhalten: irgendeiner bewegt sich immer und ist dann unscharf und verschwommen kaum zu erkennen. Was zu fortgeschrittener Stunde für den Betroffenen durchaus vorteilhaft sein kann.

Für bestimmte astronomische Beobachtungen aber ist dieses Verwackeln so problematisch, dass wir Wissenschaftlerinnen schon im Vorfeld erklären müssen, mit welcher Turbulenzkategorie wir maximal leben können – als wären wir Kleinflugzeuge, die hinter einer A380 starten wollen. Und dann werden die Aufnahmen nur bei entsprechender Luftstabilität gemacht. Das ist einer der Vorteile der meisten modernen Observatorien: Ein Großteil der Beobachtungen wird nicht von den direkt an dem Forschungsprojekt beteiligten Wissenschaftlern gemacht, sondern von Angestellten der Sternwarte, die immer vor Ort sind. So können unterschiedliche Beobachtungen ganz flexibel an die für sie optimalen Wetterverhältnisse angepasst werden.

Bei Infrarotbeobachtungen haben wir noch einen Trumpf im Ärmel: die adaptive Optik, kurz AO genannt. Dabei werden die von der Atmosphäre verursachten Wackler durch verformbare Spiegel kompensiert: Das Ergebnis ist ein gestochen scharfes

Bild, wie man es sonst nur mit einem Weltraumteleskop bekommen würde. Ich weiß, das klingt eigentlich zu gut, um wahr zu sein – funktioniert aber in der Praxis erstaunlich gut (solange die Luft nicht gar zu turbulent ist). Die AO beobachtet dazu einen Referenzstern, von dem wir wissen, dass er ohne Atmosphäre ein einfacher heller Punkt sein sollte.

Aus der Information, wie sich der Stern bewegt, kann der Computer feinste Korrekturen berechnen. Mit denen wird dann der Spiegel so verformt, dass die eintreffenden Infrarotwellen bei der Reflexion korrigiert werden. Dabei verformt sich übrigens nicht der 39 Meter große Hauptspiegel selbst, sondern einer der kleineren Hilfsspiegel des Teleskops. Der AO Technologie ist es zu verdanken, dass wir von der Erdoberfläche aus Exoplaneten von ihrem Stern unterscheiden, die Bewegungen der Sterne um das schwarze Loch im Zentrum der Milchstraße verfolgen oder die Sternentstehung in Tausenden von Lichtjahren entfernten Galaxien beobachten können. Trotz der Atmosphäre – die uns beobachtende Astronominnen immerhin am Leben erhält!

A Star Is Born

Anders als Radio- oder Mikrowellenteleskope liefern uns Infrarotteleskope auf einen Schlag ein ganzes Bild, nicht nur einzelne Messwert-Punkte, die man danach mühsam zu einer Helligkeitskarte zusammensetzen muss. Das liegt daran, dass die im Infrarot verwendeten (Halbleiter-) Detektoren inzwischen so klein sind, dass man Anordnungen mit mehreren Tausend Einzelelementen bauen kann. Jedes Element entspricht einem Pixel. Je mehr Detektoren, desto mehr Punkte hat das Bild.

Allerdings sind solche Bilder immer erst mal schwarz-weiß – die schönen bunten Bilder entstehen erst beim Überlagern mehrerer Aufnahmen unterschiedlicher „Farben". Ich setze hier „Farben" ganz bewusst in Anführungszeichen, denn mit den Farben, wie wir sie mit unseren Augen wahrnehmen, haben Infrarotbilder natürlich nichts zu tun – diese Wellenlängen sind für uns nach wie vor unsichtbar. Wenn sie einmal aufgenommen worden sind, können wir die Infrarot-„Farben" aber in den sichtbaren Bereich verschieben und bunte Bilder erzeugen. Das ist ein bisschen wie die Änderung der Tonart am Ende eines Lieds beim *Eurovision Song Contest*: Die Melodie bleibt die gleiche, nur die Tonlage wird etwas höher. Genauso erzeugen Infrarotteleskope zwar Falschfarbenbilder, die Essenz der Aufnahme verändert sich dadurch aber nicht. Und das ist wichtig – denn Infrarotbilder machen Dinge sichtbar, die sonst verschleiert blieben.

Ähnlich wie Radio- und Mikrowellen dringt auch Infrarotstrahlung teilweise durch feinen Staub und Gas und kann so dahinter verborgene warme oder heiße Objekte zum Vorschein bringen. Junge Sterne zum Beispiel. Ein Klassiker ist hier die berühmte Aufnahme der *Pillars of Creation* des *Hubble* Weltraumteleskops. Fast jeder kennt das ikonische Bild, in dem drei riesige Gas- und Staubsäulen wie Finger emporragen. Zu Recht – diese Aufnahme im sichtbaren Wellenlängenbereich ist einfach spektakulär. Aber die Infrarotversion ist fast noch beeindruckender: Die Staubfinger erscheinen größtenteils transparent und geben den Blick frei auf die jungen Sterne, die erst vor Kurzem darin geboren wurden. Welche Version findest du schöner? Über Geschmack lässt sich bekanntlich streiten. Aus wissenschaftlicher Sicht jedoch sind die Infrarotdaten besonders interessant: Damit lässt sich nämlich der Prozess der Sternentstehung beobachten.

Etwas vereinfacht gesagt entstehen Sterne aus riesigen Molekülwolken, die unter dem Einfluss der Schwerkraft in sich zusammenfallen. Wie Windbeutel, bei denen etwas schiefgelaufen ist. Meist weiß man nicht mal genau, was es war – nur, dass man anstatt luftiger Gebäckwölkchen zähe Teigklumpen aus dem Ofen zieht. Bei den Molekülwolken muss man den Kollaps aber durchaus positiv sehen: Ohne Sterne wäre das Universum sehr dunkel, kalt, langweilig und tot. Ich würde sogar sagen, dass Sterne das Wichtigste überhaupt im gesamten Universum sind. Ohne Sterne keine Galaxien, keine Wärme, kein Licht, kein Sternenstaub, keine Menschen – und erschreckenderweise auch kein Kaffee! Grund genug, sich ihren Entstehungsprozess mal genauer anzuschauen. Nachdem ich mir einen Kaffee gemacht habe.

Hubble-Aufnahme der Sternentstehungsstätte *Pillars of Creation* im sichtbaren (links) und Infrarotbereich (rechts).

Alles beginnt mit einer gigantischen diffusen Wolke, die zum Großteil aus molekularem Wasserstoff besteht. Wenn du in einer klaren, dunklen Nacht in den Himmel schaust, kannst du diese Geburtsstätten von Sternen sogar mit eigenen Augen sehen: es sind die schwarzen Strukturen, die sich an manchen Stellen wie Schlieren über das helle Band der Milchstraße ziehen und es teilweise zu verdecken scheinen. Besonders schön sieht man das von der Südhalbkugel aus, weil man von dort in Richtung des Zentrums der Milchstraße schaut.

Ich weiß noch, wie geflasht ich war, als ich während meiner Uni-Zeit den südlichen Himmel zum ersten Mal wirklich wahrgenommen habe. Das war in Südafrika, am *South African Astronomical Observatory* (SAAO), wo ich für meine Master-Arbeit Daten sammeln sollte. Ich war gerade quer durchs südliche Afrika gereist, hatte am Ngorongoro-Krater die Migration der Gnus verfolgt, in Zambia die totale Sonnenfinsternis beobachtet, war in Namibia auf die höchsten Sanddünen der Welt geklettert – und dachte, es gäbe nichts, was mich noch beeindrucken könnte. Aber dieser absolut klare Blick in den komplett dunklen Südhimmel hat das alles noch getoppt. Ich bekomme heute noch Gänsehaut, wenn ich daran denke – und muss lächeln beim Gedanken an die zwei „Wolken", die ich in der Nähe der Milchstraße entdeckte und die mich in Hinblick auf die anstehenden Beobachtungen beunruhigten.

Als angehende Astronomin hätte ich es eigentlich besser wissen müssen – es handelte sich um die große und kleine Magellansche Wolke, die Zwerggalaxien-Begleiter unserer Milchstraße. Die sehen aber auch wirklich aus wie Wolken, verdammt! Sie bestehen aber großteils aus fertigen Sternen, ganz im Gegensatz zu unseren dunklen Molekülwolken-Schlieren. In denen befinden sich an einigen Stellen Verdichtungen, wie Perlen an einer Kette. Wenn diese Molekülwolkenklumpen eine kritische Masse überschreiten, kollabieren sie unter dem Einfluss der Gravitation und die Materie geht in den freien Fall Richtung Zentrum des Klumpens. Dabei wird potenzielle Energie frei, die laut Energieerhaltungssatz nicht verloren gehen darf und stattdessen in thermische Energie umgewandelt wird – es entsteht also Wärme. Hat sich das Material durch den Kollaps genug verdichtet, kann die Wärme nicht mehr abgestrahlt werden, der Kern heizt sich auf wie ein Ofen, dessen Tür geschlossen wurde. Durch das Gleichgewicht zwischen Gravitation und Strahlungsdruck wird der Kollaps erst mal gestoppt und der prästellare Kern entsteht, ein Sternembryo sozusagen.

Irgendwann hat sich das Sternembryo so weit aufgeheizt, dass die Wasserstoffmoleküle in einzelne Atome gespalten werden. Die dafür nötige Energie steht nun nicht mehr zur Verfügung, um dem weiteren Kollaps entgegenzuwirken. Das Material fällt wieder ungehindert hinunter – wie ein Crowdsurfer, der nicht mehr von der Menge getragen wird, weil plötzlich alle ihre Handys zücken, um ein Foto zu machen. Zum Glück ist da irgendwann der Boden, der ihn – allerdings vielleicht unsanft – auffängt. Und auch unser Sternembryo heizt sich weiter auf und kommt so wieder ins Gleichgewicht: tief im Inneren des Klumpens wird ein Protostern geboren. Der akkretiert, also sammelt die umliegende Materie weiter an und gewinnt so wie ein gut gefüttertes Baby immer mehr an Masse.

Infrarotbild der „Kosmischen Klippen", einer Sternentstehungsstätte im Carinanebel, aufgenommen mit dem JWST.

Da Molekülwolkenklumpen nicht perfekt kugelförmig sind und einen leichten Drehimpuls besitzen, fallen sie auch nicht einfach ordentlich zu einem perfekten Protostern in sich zusammen, sondern können sich in mehrere Kerne teilen (aus denen dann Doppelsterne oder Vielfachsysteme entstehen) und Akkretionsscheiben bilden, aus deren Reste später Planeten entstehen, wie wir schon im Kapitel *Orange* gesehen haben. Wie in Radiogalaxien entstehen senkrecht zu den Akkretionsscheiben Jets, die nicht nur cool aussehen, sondern auch überschüssiges Material und Drehmoment abgeben und den Babystern so beim Wachsen unterstützen. Wenn das Futter ausgeht beziehungsweise kein umliegendes Material mehr da ist, endet die Akkretionsphase: der Protostern ist ausgewachsen.

Ab nun gilt er als Vorhauptreihenstern – ein schrecklicher Name, ich weiß. In dieser Phase schrumpft er aufgrund seiner Eigengravitation immer weiter und wird im Inneren immer heißer, bis die Kernfusion des Wasserstoffs und damit das Erwachsenenalter des Sterns auf der sogenannten Hauptreihe beginnt – oder auch nicht.

Wenn der junge Stern nämlich in der Akkretionsphase nicht mehr als ungefähr 75 Jupitermassen ansammeln konnte, erreicht er niemals die kritische Temperatur, um die Wasserstoff-Kernfusion anzustoßen. Er fristet fortan sein Dasein als brauner Zwerg – ein Zwischending aus Stern und Planet. Im Inneren findet anfangs noch Deuterium-Fusion statt, bei dem ein schwerer Wasserstoff-Atomkern und ein Proton zu einem leichten Helium-Kern verschmelzen[22].

Leider reicht die dabei entstehende Energie nicht aus, um das unweigerliche Abkühlen des gescheiterten Sterns signifikant zu verlangsamen: Größere braune Zwerge starten zwar bei fast 3000 Grad Oberflächentemperatur, kühlen dann aber unweigerlich aus. Wenn in der Akkretionsphase weniger als circa 13 Jupitermassen zusammenkommen, findet überhaupt keine Kernfusion statt: die Rede ist dann von einem braunen Unterzwerg oder auch einem freischwebenden Planeten. Dementsprechend haben die kältesten bis heute entdeckten braunen Zwerge Temperaturen unter dem Gefrierpunkt! Von einem Stern kann also wahrlich keine Rede mehr sein ... und auch die Grenze zum Planeten verläuft fließend, was die Masse angeht.

Eine mögliche Art, braune Unterzwerge und Gasriesen zu unterscheiden, ist ihr Werdegang: demnach entstehen braune Unterzwerge wie Sterne direkt beim Kollaps eines Molekularwolkenkerns, Planeten dagegen bilden sich aus der Akkretionsscheibe um ein massereicheres Objekt. Das Schwierige ist nur, die beiden Typen auch in der Praxis voneinander zu unterscheiden, denn ganz normal entstandene Planeten können auch aus ihrem System gekickt und somit zu freischwebenden (oder vagabundierenden) Planeten werden!

Du siehst: es gibt nichts, was es nicht gibt. Und je tiefer wir ins Weltall schauen, desto unübersichtlicher wird die Lage. Ehrlich gesagt bin ich froh, dass ich als Neunjährige nicht mit diesem ganzen Wust fremder Welten konfrontiert wurde – das Rezitieren auch nur eines Bruchteils aller bekannten Planetennamen hätte mich klar überfordert. Als Erwachsene hingegen bin ich fasziniert von der Vielfältigkeit der Welten, die unsere eigene umgeben. Ich bin mir sicher, wir haben bis jetzt nur die Spitze des Eisbergs der uns erreichenden Infrarotstrahlung aus dem Kosmos gesehen. In den kommenden Jahren und Jahrzehnten werden wir Planeten und gescheiterte Sterne entdecken, von dessen Existenz wir jetzt noch nichts ahnen. Wir werden herausfinden, wie die allerersten Sterne entstanden, wie massereiche Sterne geboren werden und wie Sternentstehung die Evolution von Galaxien beeinflusst. Und wir werden endlich wissen, ob unsere Erde irgendwo in den Weiten des Weltalls einen Zwilling hat.

GRÜN

SICHTBARES LICHT

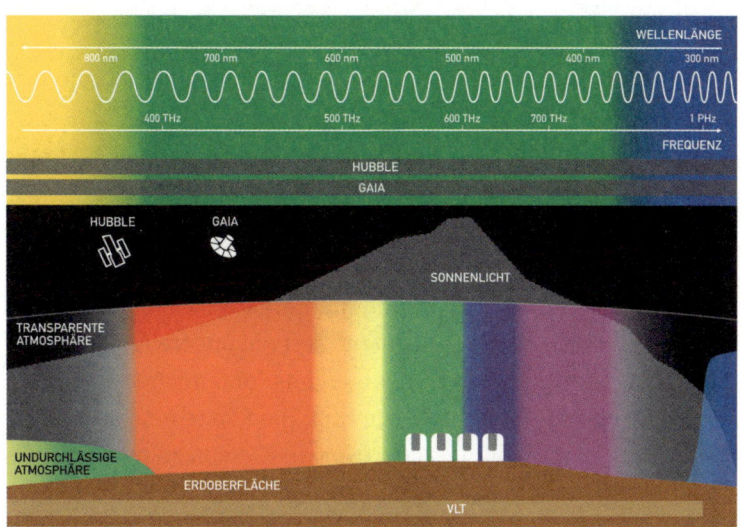

in spektakulärer Sonnenuntergang am Meer. Das weiche Licht in den Tropen nach einem Wolkenbruch. Das lächelnde Gesicht einer geliebten Person. Die wunderbaren Farben des Regenbogens, an dessen Ende bestimmt ein unvorstellbarer Schatz versteckt ist. Bevor wir hier in die Kitsch-Ecke abdriften: Das sind alles nur Brechungen oder Reflexionen des (Sonnen-) Lichts im sichtbaren Wellenlängenbereich, die durch die Rezeptoren unserer Augen in elektrische Impulse umgewandelt und dann an unser Gehirn geschickt werden. Das klingt jetzt nicht so romantisch, ich weiß. Mit mir kann man, sagt jedenfalls eine gute Freundin, auch nicht besonders gut Sternschnuppen gucken, weil ich ständig was von Weltraumschrott und Gesteinsbrocken fasele. Aber ich verrate dir ein Geheimnis: Ich wünsche mir trotzdem was, wenn ich eine entdecke! Und die wunderschönen Farbenspiele der Natur gehören für mich in die Top

STECKBRIEF

Wellenlänge: 380–780 nm
Frequenz: 385–790 THz
Teleskope: VLT, Gaia, *Hubble*, NTT (*La Silla* Observatorium)
Astronomische Quellen: Sonne, Sterne
Anwendung: unsere Augen!

Ten der Dinge, die das Leben lebenswert machen. Irgendwo unter meiner rationalen Astrophysikerinnen-Schale liegt also doch ein romantischer Kern – um den es hier aber nicht geht. Hier geht es um knallharte Physik, jawohl!

Also: Was passiert beim Sonnenuntergang? Zunächst einmal trifft die Strahlung der Sonne ungefiltert auf unsere Atmosphäre, das heißt, alle Farben des Regenbogens (und auch Infrarot und UV-Strahlung) sind vertreten. Fun Fact: die Sonne erscheint demnach aus dem Weltraum beobachtet weiß – das kommt nämlich dabei raus, wenn man alle Farben zusammenschmeißt (außer natürlich im Malkasten, da bleibt am Ende ein dreckiges Braun über, wie ich schon in der Grundschule feststellen musste).

Beim Durchqueren der Atmosphäre wird das Sonnenlicht dann von den Luft-Molekülen in alle Richtungen gestreut – je kleiner die Wellenlänge, desto effektiver. Demnach sollte der Himmel eigentlich violett aussehen. Das tut er aber nicht, weil erstens die Sonne in diesem Wellenlängenbereich schwächer strahlt als im blauen und zweitens, weil unsere Augen weniger empfindlich für violettes Licht sind. Zum Glück!

Ich glaube, ein violetter Himmel würde uns alle aggressiv machen, Blau dagegen wirkt ja bekanntlich beruhigend. Die Sonne selbst scheint in einem schönen warmen Gelb, obwohl die maximale Intensität ihrer Strahlung eher im grünen Bereich (bei etwa 500 Nanometern) liegt. Klar, das blaue Licht wurde ja in den Himmel gestreut – und wie wir alle spätestens seit der ersten Kunststunde wissen, ergibt Blau + Gelb = Grün und demnach (hier brauchen wir noch ein kleines bisschen Mathe) Grün – Blau = Gelb! Wenn die Sonne jetzt aber bei Sonnenauf- oder -untergang tief steht, muss sie durch eine viel dickere Luftschicht hindurch als tagsüber, demnach wird nicht nur das violett-blaue, sondern allmählich auch das grün-gelbe Licht in alle Richtungen gestreut: Es bleiben nur noch die längsten Wellenlängen übrig, dementsprechend erscheint die Sonne Orange bis Rot. Und unsere Hormone vollführen einen Balztanz. Der in zukünftigen Mondkolonien wohl künstlich induziert werden müsste, um die Fortpflanzung zu sichern – denn ohne Atmosphäre bleibt der Himmel auch tagsüber pechschwarz und auf rosarote Wölkchen wartet man vergebens. Zurück auf der Erde, genauer gesagt: vor meinem Büro in Garching bei München, liegt derweil frischer Schnee. Der reflektiert das einstrahlende Sonnenlicht komplett – und erscheint deswegen blütenweiß. Alles andere – die Bäume, die geparkten Autos, der Food-Truck, auf den ich in meiner Mittagspause zusteuere – ist da wesentlich ineffektiver und reflektiert jeweils nur einen kleinen, charakteristischen Teil des Lichts: von Rot (der Food-Truck) über Grün (der danebenstehende Mini) bis hin zu fast gar nichts (der karge, dunkelbraune Baum).

Dieser Teil der Strahlung gelangt auf die Hornhaut meines Auges, wird dort gebündelt und Richtung Iris geschickt. Die Öffnung der Pupille lässt sie durch zur Augenlinse, die sie auf der Netzhaut fokussiert. Dort sind mehr als 100 Millionen Sehzellen versammelt, die sich in Stäbchen und Zapfen teilen. Erstere erkennen Helligkeitsabstufungen, Letztere sind relevant für die Wahrnehmung der Farben und existieren in drei Varianten, die jeweils empfindlich für rote, grüne und blaue Wellenlängen sind. Durch geschicktes Kombinieren kann unser Gehirn dann alle anderen Farben rekonstruieren – das menschliche Auge kann angeblich zwischen 600 000 Farbtönen im sichtbaren Wellenlängenbereich unterscheiden!

Schade nur, dass wir keine Zapfen für Radio- oder Röntgenwellen haben, sonst könnten wir noch sehr viel mehr um uns herum wahrnehmen. Aber wer weiß, wenn wir der Evolution noch ein paar Millionen Jahre geben, kann das vielleicht noch werden! Und das wäre richtig spannend, so viel, wie wir heutzutage von unsichtbarer Strahlung umgeben sind.

Bis dahin nehmen wir vorlieb mit dem sichtbaren Licht: von Rot mit den längsten bis hin zu Violett mit den kürzesten Wellenlängen, die unsere Augen noch wahrnehmen können. Am schönsten veranschaulicht wird die farbliche Zusammensetzung des sichtbaren Lichts beim Regenbogen – dabei beugen Regentropfen das einstrahlende Sonnenlicht je nach Wellenlänge unterschiedlich weit, sodass es regelrecht aufgefächert wird. Die einzelnen Farben werden räumlich nach (abnehmender) Wellenlänge angeordnet: Rot, Orange, Gelb, Grün, Blau, Indigo und Violett. Ein natürlich erzeugtes Spektrum sozusagen, dem wir in der Astronomie mit Prismen und Lichtbeugungsgittern nachzueifern versuchen. Denn das Intensitätsspektrum eines Sterns zum Beispiel verrät uns sehr viel mehr als ein einfacher Schnappschuss, bei dem wir mit unseren Kameras auch im optischen Bereich nur ein Helligkeitsraster (also ein schwarz-weißes Bild) bekommen.

Rohdaten (links) verglichen mit dem fertig bearbeiteten Bild (rechts) des Helix-Nebels, beide aufgenommen im sichtbaren Licht am *La Silla* Observatorium der ESO.

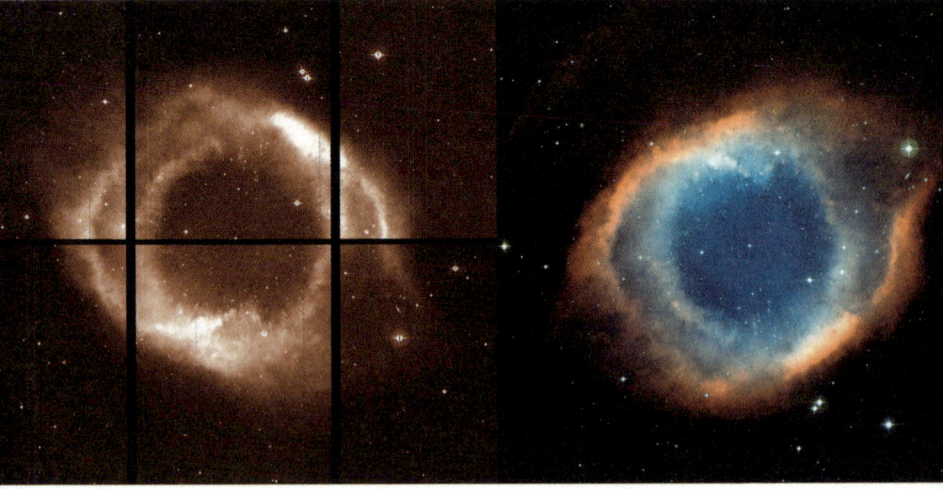

Verglichen mit unseren Augen (und auch mit modernen Digitalkameras!) fehlen diesen sogenannten CCD-Detektoren die Zapfen, um Farben zu erkennen. Um bunte Bilder zu bekommen, müssen mehrere Aufnahmen mit mindestens drei unterschiedlichen vorgeschalteten Filtern gemacht werden – diese beobachten dann jeweils einen bestimmten Wellenlängenbereich, zum Beispiel Rot, Grün und Blau. Wenn man die Einzelbilder überlagert und zusätzlich ein bisschen mit der Farbgebung herumspielt, kommen dann die wunderschönen astronomischen Bilder heraus, die zum Beispiel die ESO Öffentlichkeitsabteilung regelmäßig herausbringt und die auch abgestumpfte Astronominnen wie mich ins Schwärmen bringen.[23]

Mit den Daten, die ich für meine Forschung verwende, haben solche Bilder allerdings nicht viel zu tun. Denn da geht es nicht um Schönheit, sondern die inneren Werte. Und die zählen bekanntlich, während Schönheit ja verblendet. Tatsächlich kann ich aus gut kalibrierten, wenn auch nicht immer ästhetisch anspruchsvollen Rastern von Grauabstufungen mehr herauslesen als aus farbgewaltigen Kunstwerken desselben Objektes – zum Beispiel kann man die Helligkeit und damit die Intensität der eintreffenden Strahlung sehr viel genauer bestimmen.

Und wenn ich vor die Kamera ein Prisma oder Lichtbeugungsgitter schnalle und mir den Regenbogeneffekt zunutze mache, kann ich noch dazu sehen, mit welcher Farbe das Objekt meiner augenblicklichen Faszination am stärksten strahlt. Das kann extrem aufschlussreich sein – gerade bei Sternen. Denn Sterne sind fast perfekte Schwarzkörper, das heißt, sie geben Wärmestrahlung ab, deren Intensität und spektrale Verteilung (die Änderung der Intensität mit Wellenlänge) nur von der Temperatur ihrer Oberfläche abhängig sind.

Der Vorteil davon liegt klar auf der Hand: Wenn wir wissen wollen, wie heiß ein Stern ist, können wir das direkt von der gemessenen Spektralverteilung ablesen – ohne komplizierte Modelle und vor allem, ohne selbst mit einem Thermometer dorthin zu fliegen und uns fiese Brandblasen zu holen. Je höher die Oberflächentemperatur eines Sterns, desto kürzere Wellenlängen hat die stärkste Strahlung, die er abgibt. Ein heißer Stern wird demnach die stärkste Strahlung im UV-Bereich abgeben, ein brauner Zwerg hingegen eher im Infrarotbereich.

Der hellste Stern an unserem Nachthimmel, Sirius, hat eine Temperatur von etwa 10 000 Grad und schimmert bläulich, der rote Riese Betelgeuse (von dem vor ein paar Jahren alle gedacht haben, er explodiert bald) dagegen ist „nur" gut 3000 Grad heiß. Paradoxerweise führt das dazu, dass Blau in der Astronomie generell „heiß" bedeutet und Rot „kalt" – genau umgekehrt wie beim Wasserhahn. Da muss man schon ein bisschen umdenken, was manchmal dazu führt, dass ich ungewollt kalt dusche. Aber egal, soll ja gut für den Kreislauf sein.

Sag mir, wie viel Sternlein stehen ...

Sterne gibt es in allen möglichen Helligkeiten und Farben. Nach diesen beiden Kriterien werden sie im wahrscheinlich fundamentalsten Diagramm der gesamten Astronomie klassifiziert, dem Hertzsprung-Russel-Diagramm. Von Astronomen liebevoll als H-R-Diagramm bezeichnet, zeigt es die Anordnung und Häufigkeit der Sterne als Funktion der Oberflächentemperatur und der absoluten Leuchtkraft im sichtbaren Wellenlängenbereich. Das klingt vielleicht erst mal etwas abstrakt, ergibt aber total Sinn, wie wir gleich sehen werden. Denn aus dem H-R-Diagramm können wir wie Wahrsager aus einem Kaffeesatz die unterschiedlichen Lebenswege der Sterne herauslesen.

Wie wir schon im letzten Kapitel gesehen haben, ist für den Werdegang eines Sterns vor allem die Masse entscheidend: Bei braunen Zwergen reicht sie einfach nicht aus, damit im Inneren die für die Wasserstoff-Kernfusion nötigen hohen Temperaturen entstehen. Der braune Zwerg scheitert also in seinem Bestreben, ein echter Stern zu werden, und ist dazu verdammt, langsam auszukühlen und zu erlöschen. So ist das Leben, es können leider nicht alle glänzen.

Aber auch bei den Kandidaten, die es zu einem echten Stern bringen, gibt es riesige Unterschiede: Die einen fristen ein langlebiges ruhig-vor-sich-hin-leuchtendes Dasein. Die anderen strahlen hell, sind aber nach kurzer Zeit komplett verbraucht und gehen relativ schnell in Glanz und Gloria unter. Da gibt es durchaus Parallelen zu uns Menschen. Während bei Menschen allerdings nicht von Geburt an klar ist, in welche Kategorie jemand fallen wird, ist das bei den Sternen recht vorhersehbar: Die Masse macht's.

Je größer die Masse, desto höher die Temperatur und der Druck im Inneren des Sterns und desto schneller geht die Wasserstoff-Kernfusion vonstatten. So schaffen es massereiche Sterne von ungefähr 40 Sonnenmassen, innerhalb von „nur" wenigen Millionen Jahren ihren gesamten Wasserstoff-Vorrat zu verpulvern. Aus Menschensicht ist das natürlich sehr viel – wenn man das aber mit den vielen Hunderten von Milliarden Jahren vergleicht, die ein massearmer Stern mit vielleicht 20 Prozent der Sonnenmasse dafür braucht, ist da ein sehr deutlicher Unterschied. Die kleinsten Sterne leben Millionen Mal länger als die größten, das muss man sich mal auf der Zunge zergehen lassen! Dafür leuchten sie aber auch weniger als ein Milliardstel so hell.

Womit wir wieder beim H-R-Diagramm wären. Darauf sieht man sehr deutlich eine diagonale, leicht geschwungene Linie, die sich durchs Bild zieht. Das ist die sogenannte Hauptreihe, auf der Sterne im Schnitt 90 % ihres Lebens verbringen – und entspricht der Zeit, während der sie im Inneren Wasserstoff zu Helium fusionieren (wie das genau funktioniert, schauen wir uns

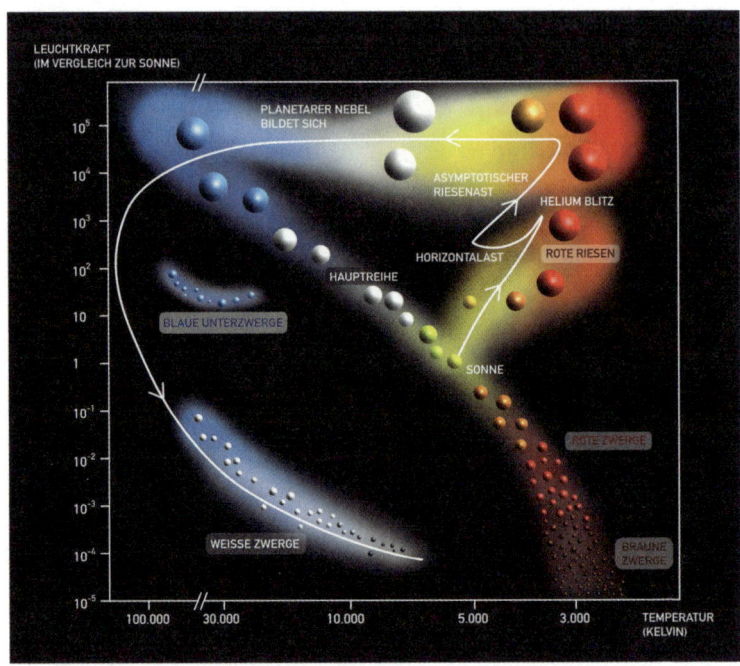

Das Hertzsprung-Russel-Diagramm zeigt die Temperatur und Leuchtkraft unterschiedlicher Arten von Sternen. Der Weg, den unsere Sonne darauf verfolgen wird, ist extra eingezeichnet.

im Kapitel *Violett* an). Dabei bleiben sie mehr oder weniger im gleichen Bereich des Diagramms, das heißt, die Temperatur und Leuchtkraft bleiben annähernd konstant.

Aus dem Verlauf der Hauptreihe kann man ableiten, dass die heißesten, massereichsten Sterne auch diejenigen mit der höchsten Leuchtkraft sind – ich denke, das ist nicht weiter überraschend. Hier sollte ich vielleicht noch kurz erwähnen, dass im H-R-Diagramm immer die Oberflächentemperatur des Sterns gemeint ist – die Temperatur im Inneren, wo die Fusionsprozesse stattfinden, ist sehr viel höher. Und auf der x-Achse läuft die Temperaturskala von rechts nach links, das heißt, die heißesten Sterne befinden sich ganz links. Das hat keinen besonde-

ren Grund, sondern hat sich einfach so eingebürgert. Die massereichsten uns bekannten Sterne haben um die 100 Sonnenmassen, wobei der absolute Rekord bei 265 (!) Sonnenmassen – oder
5 x 10^{32} Kilogramm – liegt[24]. Ausgeschrieben ist das 500 000 000
000 000 000 000 000 000 000 000 Kilogramm!
Was noch auffällt, ist, dass es sehr viel mehr massearme rote
Sterne gibt als massereiche blaue. Tatsächlich machen die roten
Zwerge mit weniger als einer halben Sonnenmasse drei Viertel
aller Sterne auf der Hauptreihe aus – die wirklich massereichen
sogenannten *O*- oder *B*-Sterne hingegen nur gut 0,1 %! Das liegt
zum einen daran, dass solche Sterne seltener geboren werden,
und zum anderen daran, dass sie nicht so lange leben. Wenn
man zu einem Zeitpunkt X (zum Beispiel im Erdjahr 2022) in den
Himmel schaut und Sterne zählt, ist die Chance, einen kurzlebi-
gen Stern auf der Hauptreihe zu erwischen, logischerweise sehr
viel geringer als einen x-beliebigen anderen Stern, der einfach
sehr viel länger da ist.

Um an dieser Stelle mit einem Vorurteil aufzuräumen, das mir
häufig begegnet: Ja, es gibt Astronomen, die tatsächlich Sterne
zählen. Dabei geht es aber nicht darum, wie der liebe Gott im
Lied zu wissen, wie viel Sternlein stehen (da werden wir wohl
nie fertig zählen!), sondern eher um Statistiken. Wenn ich weiß,
welcher Anteil der Sterne in der Umgebung der Sonne zu einem
bestimmten Typ gehört oder sich in einem bestimmten Entwicklungsstadium befindet, dann kann ich daraus ableiten, welcher
Entstehungsprozess besonders effektiv ist oder wie lange ein
spezieller Entwicklungsschritt dauert.

Ähnlich wie wir Menschen werden auch Sterne mit bestimmten
Voraussetzungen geboren und entwickeln sich im Laufe ihres Lebens weiter. Das passiert zwar meist so langsam, dass wir es niemals überblicken könnten, wenn wir uns nur auf einzelne Sterne
konzentrieren – aber wenn wir eine ganze Population beobach-

ten, bekommen wir auf einen Schlag alle möglichen Sterntypen vor die Linse. Dabei müssen wir allerdings aufpassen, dass wir nicht ungewollt vorselektieren und damit die Statistik verfälschen. Würde ein Außerirdischer auf einem Justin-Bieber-Konzert einen Schnappschuss der Menge machen, käme er zu dem Schluss, dass die Weltbevölkerung zu 90 Prozent aus Teenager-Mädels besteht. Hätte er stattdessen zufällig ein Rolling-Stones-Konzert erwischt, wäre die daraus abgeleitete Demografie eine ganz andere. In der Astronomie sind wir vor allem durch unsere Beobachtungsmöglichkeiten limitiert – sehr schwach leuchtende Sterne wie braune oder auch rote Zwerge sind natürlich viel schwieriger zu finden als leuchtkräftige Riesen. Das muss in den Statistiken berücksichtigt werden, um verlässliche Zahlen zu bekommen.

Groß, größer, Weltraum

Zudem ist die Helligkeit, mit der wir die Sterne am Nachthimmel wahrnehmen, aus physikalischer Sicht ziemlich nichtssagend. Klar: Je weiter ein und dasselbe Licht von uns entfernt ist, desto schwächer scheint es zu leuchten. Aus mehreren Kilometern Entfernung wirkt auch der Scheinwerfer eines Airbus A380 wie ein Glühwürmchen. Und die hellsten Sterne am Himmel sind nicht unbedingt die leuchtkräftigsten, sondern manchmal einfach die nächsten. Wie man am Beispiel unserer Sonne – einem eher unscheinbaren Hauptreihenstern mittlerer Helligkeit – sehr eindrucksvoll belegen kann. Deswegen arbeitet das H-R-Diagramm mit der absoluten Helligkeit, wie man sie aus einer Standarddistanz beobachten würde. Die klitzekleine Schwierigkeit dabei: Um aus der wahrgenommenen Helligkeit eine absolute Helligkeit zu errechnen, müssen wir erst mal herausfinden, wie weit der Stern von uns entfernt ist. Und das ist ganz und gar nicht trivial.

Das Problem: Wir haben für die Entfernung der hellen Punkte am Himmel absolut keine Referenz. Nicht umsonst glaubten die

Menschen jahrtausendelang an ein die Erde umspannendes Himmelszelt, an dem die sichtbaren Sterne und Galaxien befestigt waren. Einzig Sonne, Mond und die damals bekannten Planeten unseres Sonnensystems schienen sich am Firmament zu bewegen und bekamen damit einen Sonderstatus. Aus den relativen Bewegungen dieser nicht-fixen Himmelskörper versuchte man mittels einfacher Geometrie, ihre Entfernung zu bestimmen. Dem zugrunde lag ein Prinzip, das auch heute noch verwendet wird: die Parallaxe. Klingt irgendwie altgriechisch und kompliziert, kannst du aber ganz unkompliziert hier an Ort und Stelle ausprobieren, solange du zwei halbwegs funktionierende Augen hast. Such dir in einigen Metern Entfernung ein Objekt – bei mir ist es das lange Bücherregal auf der anderen Seite des Wohnzimmers. Dann kneif das rechte Auge zusammen und verdecke mit dem Zeigefinger einen bestimmten Teil des Objekts. Ich nehme *Per Anhalter durch die Galaxis*, das zufällig in der Mitte des Regals steht. Wenn du nun die Augen wechselst und statt des rechten das linke Auge zukneifst, springt der Finger im Sichtfeld nach links – ich bin jetzt bei Doris Lessing, zumindest wenn ich den Arm bequem angewinkelt halte. Halte ich mir den Finger dagegen direkt vor meine Nase, springt er beim Augenwechsel komplett raus aus dem Bücherregal. Und genau das ist der Clou: Je näher das Objekt im Vordergrund mir ist, desto mehr springt es hin und her, wenn ich den Blickwinkel ändere. Soll heißen, ich kann aus dem Versatz die Entfernung meiner Augen zum Vordergrundobjekt bestimmen!

Genau das machen wir uns in der Astronomie zunutze. Maßgeblich dabei ist die Bewegung der Erde um die Sonne, die dazu führt, dass wir die Sterne zu unterschiedlichen Jahreszeiten aus einem leicht unterschiedlichen Blickwinkel betrachten. Ein uns naher Stern wird sich also nach sechs Monaten relativ zu weiter entfernten Sternen ein bisschen bewegt haben. Da selbst der nächste Stern *Proxima Centauri* im Vergleich zur Größe des Erdorbits extrem weit weg ist (circa 135 000-mal so weit!), fällt der beobachtete Versatz auch dementsprechend klein aus: bei *Proxima Centauri* sind es 0,8 Bogensekunden oder rund ein Achthunderttausendstel der sichtbaren Himmelshalbkugel, gemessen von Horizont zu Horizont.

Zum Vergleich: der Vollmond hat einen scheinbaren Durchmesser von 1800 Bogensekunden! Und bei weiter entfernten Sternen ist der Versatz noch kleiner. Die Positionsänderung eines Sterns muss also sehr genau gemessen werden, um mit der Parallaxe seine Entfernung zu bestimmen. So genau, dass es von der Erdoberfläche aus kaum möglich ist: 0,8 Bogensekunden entspricht in etwa dem Hin-und-her-Wackeln eines Sterns bedingt durch die Bewegungen der Atmosphäre unter den allerbesten klimatischen Voraussetzungen. Also müssen wir – du ahnst es schon – mal wieder in den Weltraum.

Die *Gaia* Raumsonde der ESA hat zum erklärten Ziel, den gesamten Himmel im optischen Bereich dreidimensional zu durchmustern. Ende 2013 gestartet, wird sie bis zum voraussichtlichen Ende der Mission im Jahr 2025 die genaue Position, Helligkeit und Farbe von mehr als einer Milliarde Objekten bestimmen. Dabei erreicht sie für hellere Sterne eine Positionsgenauigkeit von mehr als 0,000025 (!) Bogensekunden – gut genug, um sogar die riesigen Entfernungen zu Sternen in der Nähe des Zentrums der Milchstraße annähernd (auf etwa 20 % genau) zu bestimmen. Das hört sich jetzt vielleicht nicht so beeindruckend an – bis du dir vor Augen hältst, dass das Zentrum unserer Milchstraße fast eine Milliarde Mal so weit von uns entfernt ist, wie der Erdorbit um die Sonne groß ist. Die Entfernungen zwischen Sternen sind einfach unvorstellbar, wenn man in irdischen Dimensionen denkt.

Als angehende Astronautin werde ich oft von Kindern gefragt, was denn mein Lieblingsstern ist und ob ich da dann auch hinfliege. Oder ob ich Angst habe, im Weltall auf Aliens oder schwarze Löcher zu treffen. Ich muss dann immer schmunzeln – Kinder sind anscheinend sehr optimistisch, was unsere derzeitigen technologischen Fähigkeiten und Möglichkeiten angeht. Mit den aktuellen Raumfährenantrieben wären wir bis *Proxima Centauri* um die 75 000 Jahre unterwegs, bis ins Zentrum der Milchstraße gar 450 Milliarden Jahre! Der Weltraum ist einfach riesig – und erschreckend leer.

Gaia liefert nicht nur Distanzen zu den Sternen in unserer weitläufigeren galaktischen Nachbarschaft, sondern auch deren Bewegungen – und damit meine ich jetzt nicht den scheinbaren, geometrisch bedingten Effekt der parallaktischen Verschiebung, sondern die wirkliche Bewegung der Sterne im Weltraum relativ zur Sonne. Denn die Sterne sind ganz und gar nicht fix, sondern kreisen auf unterschiedlichsten Bahnen um das Zentrum der Milchstraße. Und das mit um die 100 Kilometer pro Sekunde – also alles andere als langsam. Vor allem wesentlich schneller als ich in einem dieser coolen kreisförmigen Strömungskanäle in der Therme. Darin werden theoretisch alle von der gleichen Strömung mitgezogen, aber es gibt immer wieder Jugendliche, die sich einen Spaß daraus machen, sich irgendwo festzuhalten, gegen den Strom zu schwimmen oder mit einem ihrer Kumpels (oder schlimmer: mit mir) zusammenzustoßen. So in etwa kann man sich das auch bei den Sternen der Milchstraße vorstellen.

Natürlich bewegt sich unsere Sonne (und wir mit ihr) wie ihre Nachbarsterne um das Zentrum unserer Galaxis, aber die Sterne bewegen sich auch alle relativ zueinander. Aus diesen von *Gaia* gemessenen Bewegungen und den Distanzen lässt sich eine 3-D-Simulation der Sterne in unserer Umgebung[25] erstellen, in der man ganz klar sieht, welche von ihnen zusammengehören und sogenannte Cluster bilden. Die Sternbilder, wie wir sie am Himmel projiziert sehen, liegen in Wirklichkeit im dreidimensionalen Raum nämlich meist gar nicht beieinander – beim Orion zum Beispiel ist der Stern in der rechten Schulter des Jägers „nur" 240 Lichtjahre entfernt, der mittlere Stern des Gürtels dagegen mehr als fünfmal so weit. Einer von vielen Gründen, warum ich nicht an Astrologie und Sternzeichen glaube. Außerdem sind die Sternbilder aus Sicht unseres Planeten bloß eine Momentaufnahme: in ein paar Hunderttausend Jahren würden selbst die enthusiastischsten Hobbyastronomen von heute den Nachthimmel nicht mehr wiedererkennen. Das Sommerdreieck zum Beispiel wird in 50 000 Jahren zur Sommerlinie werden, in 230 000 Jahren wird Sirius vom Nordhimmel verschwunden und zum Südpolarstern mutiert sein[26]. Aber gut, so weit in die Zukunft blicken die meisten Horoskope eh nicht.

So einfach und zuverlässig die Methode der Parallaxe auch für die Entfernungsbestimmung ist, unterliegt sie doch einer gewaltigen Einschränkung: Sie funktioniert nur für relativ nahe Objekte. Für weit entfernte Sterne und Galaxien ist die parallaktische Verschiebung viel zu klein, um gemessen zu werden.

Um trotzdem eine Ahnung von der Entfernung zu haben, werden meist sogenannte Standardkerzen verwendet, also Objekte, von denen wir in etwa glauben zu wissen, wie ihre Leuchtkraft ist – das können zum Beispiel variable Sterne wie die Cepheiden sein oder auch Supernovae. Wenn wir ihre Leuchtkraft mit der auf der Erde beobachteten Helligkeit vergleichen, können wir die Distanz berechnen. Klar, je größer der Unterschied zwischen beobachteter und absoluter Helligkeit, desto weiter weg ist das Ding – wir erinnern uns an den einem Glühwürmchen ähnelnden A380.

Für sehr weit entfernte Objekte benutzen wir die Rotverschiebung von Spektrallinien, die durch die Expansion des Universums bedingt ist. Je größer die Rotverschiebung der Linien, desto weiter weg die Galaxie. Das Problem bei diesen Methoden ist, dass wir dabei immer mit Annahmen und Modellen arbeiten und dadurch Fehler und Ungenauigkeiten passieren. Aber immer noch besser, als an ein fixes, glockenartiges Himmelszelt zu glauben.

Der Stern unseres Lebens

In unmittelbarer Nähe der Erde ist die Situation noch mal eine andere. Da brauchen wir heutzutage noch nicht mal die Parallaxe, sondern können Entfernungen (zum Beispiel zwischen der Erde und unserem Nachbarplaneten Venus) direkt messen: mit Radar. Das hat den Vorteil, dass die Ergebnisse sehr genau sind. Innerhalb unseres Sonnensystems sind die Distanzen (für astronomische Verhältnisse) auch so klein, dass sie nicht mehr in Lichtjahren gemessen werden, sondern in astronomischen Einheiten. Eine astronomische Einheit entspricht der mittleren Distanz zwischen Erde und Sonne und damit 149 597 870 Kilometern – oder gut 8 Lichtminuten beziehungsweise 0,000016 Lichtjahren. Ich habe das Gefühl, ich bin als Astronomin ständig damit beschäftigt, irgendwelche Einheiten umzurechnen. Zum Glück gibt es dafür heute Online-Rechner – noch so eine Sache, bei der ich nicht verstehe, wie wir früher ohne das Internet zurechtgekommen sind.

Aber in der Astronomie ist es nun mal so, dass die Dimensionen, mit denen wir zu tun haben, so viel größer sind als alles, was wir auf der Erde kennen. Umgekehrt sind im Weltall die Abmessungen, von denen wir zum Beispiel bei Planetensystemen sprechen, um viele Größenordnungen kleiner als etwa bei Galaxien. Also verwenden wir unterschiedlichste Einheiten, von denen die meisten abenteuerlich klingen, wenn man sie in Kilometer oder Kilogramm umrechnet. Bei Sternen oder auch Galaxien wird die Masse (wie wir schon gesehen haben) normalerweise in Sonnenmassen angegeben: Dabei entspricht 1 Sonnenmasse zwei Quin-

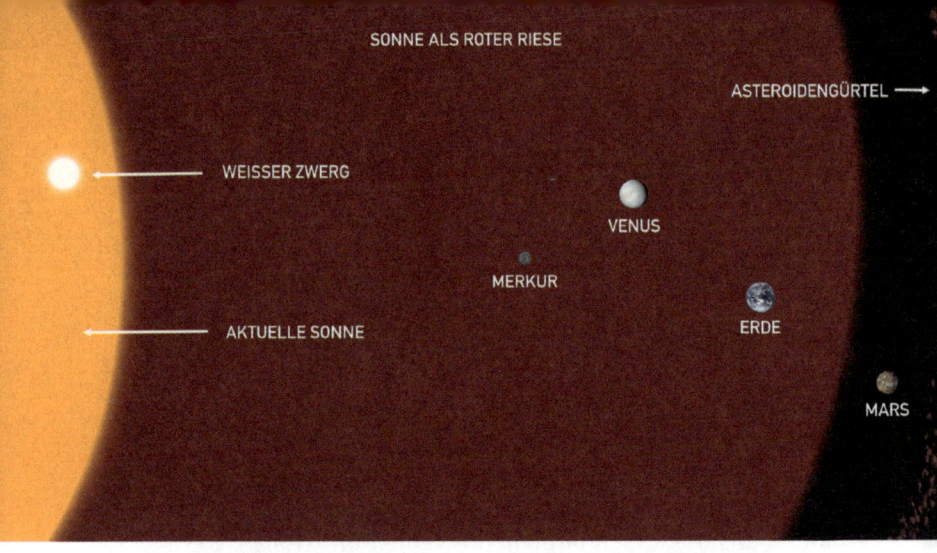

SONNE ALS ROTER RIESE

ASTEROIDENGÜRTEL →

WEISSER ZWERG

VENUS

MERKUR

AKTUELLE SONNE

ERDE

MARS

Künstlerische Darstellung der Sonne und der Planeten (Pluto ist aus nostalgischen Gründen noch mit dabei!) unseres Sonnensystems - heute und in der Zukunft. Achtung: die Entfernungen sind nicht maßstabsgetreu und sehr viel größer als hier abgebildet!

tillionen (eine 2 mit 30 Nullen!) Kilogramm. Eine der wenigen Einheiten, die ich auswendig kenne. Und bei der ich tatsächlich darauf verzichten würde, käme jemand auf die Idee, sie nach mir benennen zu wollen. Dafür fühle ich mich dann doch zu schlank.

Die Sonne ist für uns auf der Erde natürlich ein ganz besonderer Stern – ohne Sonne keine Erde, keine Wärme, kein Licht, kein Leben. Sie ist uns so nah, dass ihr Licht tagsüber alle anderen Sterne komplett überstrahlt. Kein Wunder also, dass die Kinder mit ihrer Laterne „Sonne, Mond und Sterne" singen. Unsere Gesellschaft macht einen klaren Unterschied zwischen der Sonne und den anderen Sternen, so wie auch zwischen unserem nächsten kosmischen Nachbarn, dem Mond, und den ganzen anderen Gesteinsbrocken, die da so herumfliegen. Rein objektiv betrachtet allerdings ist die Sonne ein recht unscheinbarer Stern mittlerer Masse, der seit 4,5 Milliarden Jahren ruhig auf der Hauptreihe sein Dasein fristet. Zum Glück für uns: Denn nur dank der relativ konstant bleibenden Sonneneinstrahlung konnte sich auf unserem Planeten langsam zuerst einzelliges und nach und nach immer komplexeres Leben entwickeln.

Und wenn wir es richtig anstellen, dann bleiben uns noch ungefähr eine Milliarde Jahre, in denen die Erde schön wohnlich bleiben könnte. Vielleicht genug Zeit, um unsere gesamte Spezies umzusiedeln. Denn obwohl die Sonne noch 5,5 Milliarden Jahre auf der Hauptreihe verbringen wird, erwärmt und vergrößert sie sich langsam: Ihre Leuchtkraft steigt, und damit wird es wärmer auf unserem Planeten. Mit dem rasanten Klimawandel, den wir über die letzten Jahrzehnte beobachten mussten, hat das allerdings nichts zu tun. Wenn wir so weitermachen wie bisher, werden wir die Erde wohl schon lange, bevor ihre Zeit gekommen ist, unbewohnbar machen – und der Sonne damit ein Schnippchen schlagen. Aber ist das ein Trost?

Seien wir für das nachfolgende Gedankenexperiment einfach mal optimistisch. Wir schreiben das Jahr Eine-Milliarde-Zweitausend-Zweiundzwanzig. Die Menschheit hat es tatsächlich geschafft, den Klimawandel zu stoppen, eine Vielzahl potenziell katastrophaler Asteroideneinschläge abzuwehren und sich nicht selbst auszulöschen. Wir haben das ganze Sonnensystem kolonialisiert, Generationenschiffe zu unseren Nachbarsternen geschickt und, jetzt wird's ganz kompliziert, ein Tempolimit auf deutschen Autobahnen eingeführt.

Unsere Sonne allerdings konnten wir nicht zähmen: Sie macht weiterhin, was sie will. Und leuchtet immer stärker und stärker. Statt einer angenehmen Durchschnittstemperatur von 15 Grad Celsius herrschen im Mittel 30 Grad auf der Erdoberfläche. An den Polen lässt es sich im Winter gerade noch so aushalten, in Deutschland schwitzen wir allerdings nur noch, und zwar das ganze Jahr über. Und wir wissen: Es wird nur schlimmer werden. Also kommen wir auf die schlaue Idee, nach dem Sommerurlaub auf dem Mars einfach dort zu bleiben. Denn da ist der Sonnenuntergang extra rot und romantisch und die Temperaturen angenehm. Zumindest eine Zeit lang.

Wir springen ins Jahr Fünf-Milliarden-Fünfhundert-Millionen-Zweitausend-Zweiundzwanzig. Vom Mars sind wir schon längst weiter hinaus aus dem Sonnensystem gezogen. Die Sonne macht uns inzwischen ernsthafte Sorgen. Ihr immenser Wasserstoffvorrat geht nach 10 Milliarden Jahren auf der Hauptreihe zur Neige: Sie bläht sich zum roten Riesen auf. Dabei zieht sich ihr innerer Kern immer mehr zusammen, die äußere Hülle expandiert hingegen, wodurch ihre Leuchtkraft um einige Tausend Mal zunimmt.

Dieser verrückte Stern wächst einfach weiter und weiter, es scheint kein Ende zu nehmen. Wir müssen zusehen, wie die inneren Planeten Merkur und Venus einfach verschluckt werden. Wird die Erde verschont bleiben? Wir sind zu sehr mit der Suche nach einer neuen Heimat beschäftigt, um mitzukriegen, was mit der alten passiert. Glücklicherweise verliert die Sonne durch ihr Blähgehabe etwas an Masse, was dazu führt, dass die Planeten weniger stark gebunden sind und dadurch von alleine etwas weiter nach außen wandern. Trotzdem wird es selbst in der Nähe des Saturns und Uranus langsam ungemütlich sonnig, sodass wir schließlich beim Neptun landen. Der ist leider ein Gasplanet und dadurch nicht bewohnbar, also teilen wir uns auf und besiedeln seine größeren Monde, zudem noch den Pluto und einige der ansprechenderen Zwergplaneten und Asteroiden des Kuipergürtels. Durch die lange Zeit auf dem Mars und danach den Jupiter- und Saturnmonden hat sich unser Organismus schon an geringe Schwerkräfte, wie sie auf diesen massearmen Himmelskörpern herrschen, gewöhnt und Babys werden inzwischen mit Astronautenhelm geboren, sodass die fehlende Atmosphäre auch kein Thema ist. Passt also alles.

Denkste! Wie in einem Horrorfilm, bei dem man immer wieder glaubt, das Gröbste sei nun wirklich überstanden, geht es jetzt gerade erst los. Im Jahr Sieben-Milliarden-Fünfhundert-Millionen-Zweitausend-Zweiundzwanzig hat sich der Kern der Sonne so weit zusammengezogen, dass sich das aus dem Wasserstoff entstandene Helium in einem Mega-Blitz entzündet und die Riesensonne anfängt, wie wild zu oszillieren. Zum Glück haben wir die Warnungen der Astronominnen aus dem Jahr 2022 ernst genommen und sind längst aus dem Sonnensystem verschwunden. Denn da bricht nun das totale Chaos aus.

Erst schrumpft die Sonne auf „nur" das Zehnfache ihrer Hauptreihengröße, während die Heliumfusion im Kern auf Hochtouren läuft – dabei heizt sie sich bei konstanter Leuchtkraft immer weiter auf. Dann ist auch das Helium verbraucht, die Sonne wird extrem instabil und bläht sich wieder und wieder auf. Dabei wird sie größer als jemals zuvor und verschluckt mit ein bisschen Pech jetzt auch noch die Erde, falls das nicht schon vorher passiert ist. Schließlich stößt sie ihre äußere Gashülle ab wie einen dicken Wintermantel im Frühjahr – die bildet einen wunderschönen, in allen Farben des Regenbogens leuchtenden planetaren Nebel. Und der bezirzt uns im Jahr Sieben-Milliarden-Sechshundert-Millionen-Zweitausend-Zweiundzwanzig in unserem interstellaren Schlupfloch, sodass wir wieder ins Sonnensystem zurückkehren und mal nach dem Rechten sehen.

Der wunderschöne planetare Nebel ESO 378-1, aufgenommen mit dem VLT.

Dort finden wir einen extrem heißen Stern, bestehend aus den Endprodukten der Helium-Fusion: Kohlenstoff und Sauerstoff. Die Sonne ist zum weißen Zwerg geworden – und ist damit nur noch so groß wie die Erde, an die wir uns kaum noch erinnern. Anfangs ist die UV-Strahlung so stark, dass wir vorsichtig sein müssen – ein Sonnenbrand muss jetzt nicht auch noch sein. Doch langsam kühlt das, was von der Sonne übrig ist, aus und dementsprechend verringert sich die Strahlungsintensität. Wir wagen uns näher heran ... und was entdecken wir da? Einen Planeten, der uns zwar etwas verkohlt, aber immer noch irgendwie bekannt vorkommt! Wir sind wieder zu Hause. Und begleiten erneut den Stern unseres Lebens, während er über viele Milliarden Jahre langsam, aber sicher erlischt.

Die Horrorgeschichte, die ich gerade zum Besten gegeben habe, wird sich tatsächlich so oder so ähnlich zutragen. Was genau mit den einzelnen Planeten geschieht und ob die Erde wirklich von der Sonne verschluckt wird, darüber sind sich Forschende noch uneins. Aber dass die Sonne sich zu einem roten Riesen aufblähen und als weißer Zwerg enden wird, gilt als sicher. Dieses finale Schicksal teilt sie mit 90 % der Sterne im Universum. Sterne mit mehr als etwa 10 Sonnenmassen hingegen explodieren als Supernovae und enden als Neutronensterne oder schwarze Löcher. Über diese exotischen Objekte sprechen wir später noch mal. Jetzt kommen wir erst mal zurück zum H-R-Diagramm: Ich hatte dir ja versprochen, dass wir daraus das Leben der Sterne ablesen können. Und tatsächlich: Dadurch, dass sie im Zuge ihrer Evolution immer wieder ihre Oberflächentemperatur und Leuchtkraft ändern, scheinen sie durch das Diagramm zu wandern (siehe H-R Diagramm auf S. 126).

Erst mal von der Hauptreihe den roten Riesenast hoch, nach dem Heliumblitz geht's auf dem Horizontalast nach links zu höheren Oberflächentemperaturen, den asymptotischen Riesenast hoch, dann mit steigenden Temperaturen immer weiter nach links. Wenn die Hülle endgültig abgestoßen ist, findet sich der heiße übrig gebliebene Kern schließlich bei geringer Leuchtkraft am linken Ende des Weißen-Zwerg-Bereichs wieder, bevor er anfängt abzukühlen und damit immer weiter nach rechts wandert. Zumindest gilt dieses Schema für einzelne Sterne mittlerer Masse. Aber auch bei Sternen gibt es nichts, was es nicht gibt: Sterne so groß, dass sie eigentlich nicht existieren dürften. Paare von Sternen, die miteinander verschmelzen oder versuchen, sich gegenseitig aufzufressen. Und sogar wieder auferstehende Sterne, die im Englischen tatsächlich *born-again stars* heißen – wäre kein schlechter Name für eine Sekte. Langweilig wird es mir als Sternenforscherin jedenfalls nicht.

Mit einem Auge im Kosmos

Wenn ich für meine Forschung in die Sterne schaue, tue ich das am liebsten mit dem VLT, dem derzeit größten optischen Teleskop der ESO und einem der modernsten Teleskope der Welt. Denn erstens bekomme ich dort die besten Daten im sichtbaren Wellenlängenbereich und zweitens ist das VLT so etwas wie meine astronomische Heimat.

Als ich 2006 als frischgebackene Frau Doktor bei der ESO anfing, gehörte es zu meinen Aufgaben, Schichten als Astronomin am VLT zu übernehmen. Und zwar viermal pro Jahr für zwei Wochen, und das drei Jahre lang! Insgesamt habe ich also fast ein halbes Jahr auf dem *Cerro Paranal* verbracht, dem Standort des VLT in der chilenischen *Atacama*-Wüste. Der lange Flug von München nach Santiago de Chile und dann weiter in den Norden des Landes nach Antofagasta – von den Einwohnern der Stadt euphemistisch als „Perle des Nordens" bezeichnet (man muss mal in Antofagasta gewesen sein, um den Witz zu verstehen) – war zwar etwas anstrengend. Aber mein Herz schlug jedes Mal höher, wenn ich endlich die vier riesigen Kuppeln oben auf dem Berg erblickte: eines für jedes der vier (fast) identischen 8-Meter Spiegelteleskope, die zusammen das VLT bilden. Darüber der wolkenlose Himmel und darunter die wie gemalt aussehenden rötlich schimmernden Berge. Und natürlich die *Residencia*, meine Unterkunft für die nächsten zwei Wochen und der heimliche Star des James-Bond-Films *Ein Quantum Trost*.

Nicht umsonst hat das Astronomen-Hotel zahlreiche Architekturpreise gewonnen: es ist ein stilistisches Meisterwerk und passt sich perfekt seiner Wüstenumgebung an. Im Bond-Film fliegt es am Ende komplett in die Luft, was die ESO-Belegschaft im Kino mit ironischem Klatschen quittierte. Ich hatte das unglaubliche Glück, während der Dreharbeiten vor Ort zu sein. Sehr aufregend, aber auch sehr ermüdend: Tagsüber schmachtete ich

Daniel Craig an und nachts musste ich am Teleskop durcharbeiten. Aber wofür ist man denn jung? Außerdem kam ich so zur seltenen Ehre, dem amtierenden Bond-Darsteller zu erklären, was ich gerade am Himmel beobachtete (irgendeinen Kometen, soweit ich mich erinnere). Eine dieser Geschichten, mit dem man selbst auf der hippsten Party Eindruck schindet.

Selbst wenn nicht gerade ein Agentenfilm gedreht wird, ist die Ankunft in der *Paranal Residencia* beeindruckend: Einen Moment steht man in der Wüste, im nächsten tritt man ein und findet sich urplötzlich im tropischen Dschungel wieder. Um die Luftfeuchtigkeit im Wohnbereich zu erhöhen, befindet sich im zentralen Bereich der *Residencia* ein überdachter Garten sowie ein Schwimmbad. Ja, du hast richtig gelesen: ein Schwimmbad. Mitten in der trockensten Wüste der Welt. Das wurde auch bald Teil meines Sportprogramms – in Kombi mit täglichem Laufen auf dem – wie ich finde genial benannten – *Star Track* Pfad, der die paar Hundert Höhenmeter zu den Teleskopen hochführt und den Wanderweg schlechthin für das ultimative Ich-muss-auf-dem-Mond-gelandet-sein Feeling darstellt. Ich merkte schnell, dass mir eine feste Sport- und Wellness-Routine gerade im Winter mit den langen Nächten guttat.

Meine Schicht begann bei Sonnenuntergang und endete bei Sonnenaufgang – im Juni und Juli waren das gut und gerne 15 Stunden Arbeitszeit pro Nacht, und das durchgängig zwei Wochen lang. An professionellen Teleskopen gibt es keine Wochenenden und keine Feiertage, selbst an Weihnachten wird durchgearbeitet. Da war die Versuchung natürlich groß, nachmittags jede Minute Schlaf auszukosten. Aber der Mangel an Tageslicht und Bewegung rächte sich nach spätestens ein paar Tagen – also stand ich tapfer eine Stunde früher auf und tankte kräftig Sonnenenergie für die bevorstehende Nacht.

Danach ging es schnell in die Kantine, „frühstücken" und das

Nachtessen bestellen – und dann war es schon Zeit für das all-
abendliche Ritual oben am Berg: Gemeinsam mit den anderen
Astronominnen und Ingenieuren schauten wir den Sonnenuntergang. Dabei rief fast immer jemand „green flash!". Der grüne
Blitz ist ein sehr seltenes Phänomen, bei dem das Licht der un-
tergehenden Sonne von der Erdatmosphäre gebrochen wird,
kurzwelliges stärker als langwelliges. Wenn der rot-gelbe Teil
der Sonne schon unter dem Horizont verschwunden ist, sieht
man daher manchmal noch ein kurzes grünes Aufblitzen – meistens aber nicht. Ich habe bei all den vielen Sonnenuntergängen
auf *Paranal* nur ein- oder zweimal einen grünen Blitz gesehen,
und das, obwohl die klare, extrem trockene Wüstenluft ideale
Bedingungen dafür schafft. Und mit trocken meine ich wirklich
sehr trocken – wir hatten regelmäßig unter 10 % Luftfeuchtigkeit.
Zur Orientierung: die ideale Luftfeuchtigkeit in Räumen liegt bei
etwa 50 %, alles unter 40 % wird bereits als trocken empfunden.
Ein wesentlicher Bestandteil meiner Packliste für *Paranal* waren
daher Cremes – von extrafetter Fußcreme bis hin zu spezieller
Nasensalbe hatte ich alles dabei.

Nur so als kleiner Tipp, falls du mal eine Reise in die *Atacama*-Wüste planst. Lohnen würde es sich definitiv, es gibt viel zu
entdecken, auch das VLT und ALMA bieten öffentliche Führungen
an. Und nachts im Bett sprühen garantiert die Funken (im wahrsten Sinne des Wortes: Wolldecken + extrem trockene Luft = sehr
viel Elektrostatik)!

Nach Sonnenuntergang hieß es für mich erst mal: Zeit für *flat-
fields*! Dabei beobachteten wir den gleichmäßig leuchtenden
Himmel, um unsere Kameras zu kalibrieren. Das Zeitfenster dafür
war recht klein, etwa 10–15 Minuten: davor war es noch zu hell
und danach erschienen bereits die ersten Sterne und machten
die gleichmäßige Beleuchtung zunichte. Die brauchten wir, um
störende Artefakte wie zum Beispiel die ungleiche Empfindlich-

keit einzelner Pixel oder Staub und Schmutz auf unseren CCD-Kameras auszugleichen. In der Astronomie verwenden wir meist lange Belichtungen, um auch schwach leuchtende Objekte sehen zu können. Aufnahmen von mehreren Stunden sind keine Seltenheit, wobei wir in der Praxis meist mehrere kürzere Einzelbilder zusammenaddieren. So sind wir flexibler beim Beobachten und das Risiko, auf einen Schlag mehrere Stunden wertvolle Beobachtungszeit zu verlieren, ist geringer. Zeit ist Geld, vor allem an großen Teleskopen wie dem VLT: die Betriebskosten allein belaufen sich pro Nacht auf knapp 50 000 Euro[27], Personalkosten nicht mit eingerechnet. Klar, dass wir da so effizient wie möglich arbeiten müssen! Kaffee- und auch die mitternächtlichen Essenspausen werden so gelegt, dass sie in eine lange Belichtung fallen – falls Probleme auftreten, wird man gerufen. Was mir natürlich immer genau dann passierte, wenn das Essen verheißungsvoll duftend vor mir stand und ich halb verhungert gerade den ersten Bissen nehmen wollte.

An jedem der vier Teleskope arbeiteten jeweils eine Astronomin und ein Teleskop-Bediener, wir hatten also eine gewisse Redundanz – und jede Menge Leute im Kontrollraum. Das half beim Wachbleiben. Genau wie die kleinen Nettigkeiten aus der Küche: Mal gab es überraschend Sushi für alle, mal eine Ladung knuspriger chilenischer *Empanadas* (gefüllte gebackene oder frittierte Teigtaschen), und auch Geburtstage oder Abschiede wurden immer groß mit Torte gefeiert. Das hört sich jetzt nach fortlaufender Party an, und ja, es gab jede Menge Partys. Aber wir arbeiteten auch hart. Und man darf nicht vergessen: der Großteil der Belegschaft verbrachte wesentlich mehr Zeit auf Paranal als ich. Jede zweite Woche, um genau zu sein. Die Kollegen wurden da zur Ersatzfamilie, so mancher unterhielt kurzerhand eine zweite Beziehung dort. Aus meiner Sicht ist das VLT nicht nur ein herausragendes Observatorium, sondern auch ein halb geschlossenes soziales Mikrokosmos-Experiment mit Probanden aus aller Welt. Falls ich im nächsten Leben Soziologin werde, weiß ich, wo ich hinmuss.

In einer typischen Nacht saß ich zusammen mit dem Teleskop-Bediener an der Konsole „meines" Teleskops und beobachtete ungefähr jede Stunde ein neues Objekt mit einem der drei verfügbaren Instrumente. Im Normalfall war das nicht für meine eigene Forschung, sondern für die Projekte von Astronomen aus ganz Europa, die sich erfolgreich um Beobachtungszeit am VLT beworben hatten. Ich fand das spannend, weil ich so Einblicke in alle möglichen Bereiche der Astronomie gewann. Und anders als bei ALMA bekam ich sogar manchmal schöne Bilder zu sehen.

Zwischendurch lernte ich Spanisch und versuchte, das Gelernte direkt anzuwenden – zur allgemeinen Belustigung meiner chilenischen Kollegen, die mir irgendwann sogar ein Buch mit *Chilenismos* (typisch chilenischen Ausdrücken, die teilweise sehr blumig sind) schenkten.

Manche Nächte hatten wir auch Besucher: Astronomen, die höchstpersönlich zum VLT kamen, um ihr Projekt zu beobachten, und die ich dabei betreuen sollte. Das war immer spannend, weil sie die Daten sofort zumindest grob auswerteten und wir im besten Fall spannende Forschungsergebnisse in Echtzeit mitbekamen. Ich werde nie vergessen, wie Reinhard Genzel mir 2007 im Kontrollraum eine erste Animation der Bewegung der Sterne im Zentrum unserer Galaxie zeigte. 2020 erhielt er für genau diese Beobachtungen, die (mehrere Jahre bevor mit dem EHT davon auch ein Bild gemacht wurde) das gigantische schwarze Loch im Zentrum der Milchstraße nachwiesen, den Nobelpreis für Physik.

Nach den zwei Wochen am Teleskop war ich meist erschöpft, hatte aber jedes Mal was erlebt und gelernt. Mein Tischfußballkönnen zum Beispiel verdanke ich zu 100 % den regelmäßigen *Taca-Taca*-Spielen (definitiv eins meiner chilenischen Lieblingswörter!) auf *Paranal*. Und mein Lieblingsgewürz *Merquén* (gemahlene geräucherte Chilis) hätte ich wohl nie ohne meine chilenischen Freunde entdeckt. Aber vor allem hatte ich am VLT immer das Gefühl, am Puls der astronomischen Forschung zu sein. Die beobachteten Forschungsprojekte sowie unsere Besucher gehörten zur Crème de la Crème dessen, was die Astronomie so zu bieten hat. Jede Nacht machten wir Beobachtungen, die die Wissenschaft voranbrachten: manchmal nur einen kleinen Schritt, manchmal genug, um bisher geltende Thesen komplett infrage zu stellen. Dabei betrachteten wir so ziemlich alles, was im sichtbaren (und nahinfraroten) Wellenlängenbereich strahlt: von anderen Galaxien über Sterne unserer Milchstraße bis hin zu den Planeten, Kometen und Asteroiden in unserem Sonnensystem.

Letztere fand ich besonders spannend, weil sie für mich als Beobachterin eine Herausforderung darstellten: Die Projekte waren oft zeitkritisch und mussten an einem bestimmten Tag um eine bestimmte Uhrzeit ausgeführt werden. Wenn wir das schafften, war das immer ein kleines Erfolgserlebnis.

Die vier großen Teleskope des VLT auf dem *Cerro Paranal*.

145

Was geht in der Nachbarschaft?

Wenn wir im sichtbaren Wellenlängenbereich Planeten, Asteroiden und Kometen beobachten, dann sehen wir vor allem das von ihnen reflektierte Sonnenlicht (die thermische Eigenstrahlung dieser Himmelskörper liegt dagegen wie schon gesagt im Infrarot-Bereich). Das ist wie beim Mond: das hellste Licht am Himmel kommt sogar nachts von der Sonne, wenn auch indirekt. Und je nachdem, wie viel von der beleuchteten Mondseite wir von der Erde aus sehen, erscheint der Mond als Sichel, Halbkreis, Vollmond – oder eben gar nicht. Beim Neumond befindet sich der Mond zwischen Erde und Sonne. Er wird zwar weiterhin angestrahlt, aber das Licht wird von uns wegreflektiert – und außerdem blendet die Sonne. Deshalb können wir den Mond nicht sehen, obwohl er natürlich noch genauso dick und rund ist wie immer.

Ein Grund, warum ich Monddiäten eher kritisch sehe, außerdem ist der Jo-Jo-Effekt da ja logischerweise vorprogrammiert – spätestens beim nächsten Vollmond sind die Kilos wieder drauf. Dann doch lieber die Venus-Diät. Klingt erstens sexy und zweitens dauern die Venusphasen sehr viel länger als die Mondphasen. Ein Zyklus dauert 584 Tage: So lange braucht die Venus, um die Erde auf ihrer Reise um die Sonne zu überrunden. Genug Zeit, um zumindest über den nächsten Sommer die Bikinifigur zu halten.

Ich finde es lustig, dass ausgerechnet der Planet Venus nach der Göttin der Liebe benannt wurde. Dabei kann ich es den alten Römern noch nicht mal verübeln: Die Venus erscheint kurz nach Sonnenuntergang zur günstigsten Verführungszeit als erster und hellster „Abendstern", da ist die Namensgebung naheliegend und im besten Falle wegweisend. Und tatsächlich ist die Venus der heißeste Planet im Sonnensystem – obwohl der Merkur näher an der Sonne ist.

Aber der hat keine Atmosphäre und damit auch keinen Treibhauseffekt. Was die alten Römer allerdings nicht wussten: Die

Venus ist auch extrem toxisch. Auf dem Planeten der Liebe herrschen unwirtlichste Verhältnisse, selbst die widerstandsfähigen Raumsonden der Sowjets überlebten nur zwei Stunden auf der Oberfläche. Denn dort herrscht ein ungeheurer atmosphärischer Druck, so wie im irdischen Ozean in 910 Metern Tiefe; es ist so heiß, dass Blei schmilzt – und zu allem Überfluss regnet es auch noch Schwefelsäure. Eher ätzend als romantisch.

Trotzdem haben wir die Hoffnung nicht aufgegeben, dass es auf unserem nächsten Nachbarplaneten doch irgendwie zumindest einfachstes außerirdisches Leben geben könnte[28]. Nicht auf der Oberfläche, aber vielleicht in den Wolken. Dort sind sowohl die Temperaturen als auch die Druckverhältnisse aus Menschensicht angenehm und hey, an Schwefelsäure kann man sich doch gewöhnen. Auch auf der Erde gibt es Organismen, die die Extreme lieben und unter scheinbar widrigen Umständen überleben. Und die Liebe überwindet ja bekanntlich alle Hindernisse.

Zur Venus reisen werden wir aller Voraussicht nach aber erst mal nicht: Dafür ist unser anderer Nachbarplanet, der Mars, sehr viel besser geeignet. Dort ist es zwar ein wenig kühl und die Atmosphäre ist sehr dünn, aber nichts, das nicht mit guten Raumanzügen und luftdichten Druckkabinen gelöst werden könnte. Und Filmen wie *Mars Attacks!* zum Trotz scheint es wohl keine Marsmännchen zu geben, zumindest legen das die Daten der vielen Mars-Rover und -Raumsonden nahe. Wir wären also auch auf dem Planeten des Kriegsgottes Mars sicher vor interplanetaren Überfällen. Vor 3,8 Milliarden Jahren war die Lage eventuell noch anders: Da hatte der Mars eine dichtere Atmosphäre, höhere Temperaturen und größere Mengen flüssigen Wassers.

Beste Voraussetzungen für die Entwicklung von Leben! Ob es das allerdings jemals wirklich gab, soll der *Perseverance* Rover der NASA klären, der 2021 auf dem Grund eines ausgetrockneten Marssees landete. Selbst der Nachweis von prähistorischen

Mikroben oder Viren wäre eine Sensation – würde es doch bedeuten, dass die Erde nicht der einzige Planet in diesem riesigen Universum ist, auf dem sich Leben entwickelt hat.

Alternativ könnte eventuelles Mars-Leben sogar auf die Erde übergesprungen sein oder ursprünglich ganz woanders entstanden und auf beide Planeten gebracht worden sein. Dann wären wir alle im Grunde Außerirdische. Und nein, ich werde nicht von Scientology gesponsert. Es gibt durchaus ernst zu nehmende wissenschaftliche Theorien, nach denen einfachstes Leben oder zumindest die Bausteine des Lebens wie Kohlenstoff buchstäblich auf die Erde niederregneten – geliefert von Kometen.

Tatsächlich wurde die junge Erde heftig von Asteroiden und Kometen bombardiert. Zu der Zeit war die Erdoberfläche zu heiß, um größere Mengen Wasser- oder Kohlenstoffmoleküle zu beherbergen. Trotzdem bildete sich, als das Bombardement abklang und die Erdoberfläche abkühlte, sehr schnell Leben. Wo kamen so schnell das nötige Wasser und die Kohlenstoffverbindungen her? Die Erklärung ist einfach und naheliegend, nämlich sie kommen von den Kometen selbst!

Kometen gehören zu den beeindruckendsten Himmelsspektakeln überhaupt: Etwa alle zehn Jahre schwirrt einer nahe genug an der Erde vorbei, dass wir ihn in einer dunklen Nacht mit bloßem Auge erkennen können, so wie im Sommer 2020 der Komet *Neowise*. Der erste große Komet, an den ich mich lebhaft erinnere, war im Jahr 1996 *Hyakutake* – er war so hell, dass man ihn mehrere Nächte lang sogar von unserer Straße am Stadtrand von Köln aus sehen konnte. Er hat mich damals in meinem Wunsch bestärkt, Astronomie zu studieren. Dabei sind Kometen eigentlich nur „schmutzige Schneebälle": wenige Hundert Meter bis einige Kilometer große Klumpen aus Wassereis und kleineren Anteilen Kohlenmonoxideis, Trockeneis, Methan, Ammoniak, Gesteinsbrocken und Staub. Sie kommen vom Rande

Amateuraufnahme des Kometen *Hyakutake*.

unseres Sonnensystems und fristen die meiste Zeit ein sehr unspektakuläres Dasein.

Dank ihrer schwarzen Kruste gelten sie als die dunkelsten Objekte des Sonnensystems – erst wenn sie sich der Sonne nähern, erwachen sie zum Leben und bilden eine leuchtende Hülle aus Gas und Staub sowie den charakteristischen Gas- und Plasmaschweif aus, der mich damals als Jugendliche so beeindruckt hat. „Vom hässlichen Entlein zum stolzen Schwan" trifft es ganz gut!

Aus wissenschaftlicher Sicht sind Kometen deswegen so spannend, weil sie die ersten festen Himmelskörper waren, die sich aus dem Sonnennebel bildeten. Sie sind sozusagen tiefgefrorene Relikte aus der Entstehungszeit unseres Sonnensystems vor 4,6 Milliarden Jahren. Wie irdische Fossilien, nur krasser und viel älter. Und sie könnten der Erde eben auch das Wasser für die Ur-Ozeane sowie erste organische Verbindungen geliefert haben.

Diese wurden tatsächlich schon an Kometen gefunden: 2009 wurden im Labor mikroskopische Spuren der Aminosäure Glycin in Proben nachgewiesen, die aus dem Schweif des Kometen *Wild 2* stammten[29]. Und die viel gefeierte *Rosetta* Raumsonde entdeckte während ihres Besuchs des Kometen *67P/Tschurjomow-Gerassimenko* ebenfalls Glycin – fernab jeglicher möglichen Kontamination durch Leben auf der Erde[30].

Ironischerweise könnten Kometen nicht nur das Leben auf die Erde gebracht haben, sondern es auch beenden. Zumindest wenn man der (Alb-)Traumfabrik Hollywood glaubt: Im Film *Don't look up* schlägt ein 10 Kilometer großer Komet in die Erde ein und löscht die Menschheit aus. Zumindest dieser Teil des Szenarios ist gar nicht mal unrealistisch. Unser Planet ist in der Vergangenheit schon mehrmals von Himmelskörpern mit Durchmessern von mehreren Kilometern getroffen worden – die Folge war Massensterben.

Das bekannteste Beispiel ist wohl das Aussterben der Dinosaurier vor 66 Millionen Jahren, das mit dem Einschlag eines 10–15 Kilometer großen Kometen oder Asteroiden auf der Halbinsel *Yucatán* in Mexiko in Verbindung gebracht wird. Zum Glück sind solche großen Kollisionen sehr selten und werden in etwa alle 50–60 Millionen Jahre erwartet – die Chance, dass bald die nächste passiert, ist also extrem gering. Da ist es schon wahrscheinlicher, dass wie im Film eine Frau Präsidentin der Vereinigten Staaten wird. Aber man weiß ja nie. Schon sehr viel kleinere Weltraumbrocken wie der auf einen Durchmesser von 20 Meter geschätzte Meteorit, der 2013 im russischen Tscheljabinsk einschlug, können lokale Zerstörung hervorrufen: Damals wurden rund 1500 Personen verletzt, die meisten durch zersplittertes Fensterglas. Todesfälle im Zusammenhang mit kosmischen Kollisionen wurden aber in den letzten 1000 Jahren nicht verzeichnet. Ich würde mir also für den Moment nicht allzu viele Sorgen machen.

Versteckspielen mit Aliens

Jenseits des Mars kommen in unserem Sonnensystem keine Felsenplaneten mehr vor, nur noch Asteroiden und allenfalls Zwergplaneten (armer Pluto!). Dass diese kalten, oft trockenen, so gut wie atmosphärenlosen Gesteinsbrocken Leben beherbergen, ist unwahrscheinlich. Und auch die Gasplaneten Jupiter, Saturn, Uranus und Neptun scheinen aufgrund ihrer, ähm, Gashaftigkeit eher ungeeignet für Leben, wie wir es kennen. Trotzdem liegen die besten Kandidaten für extraterrestrisches Leben im Sonnensystem hinter dem Asteroidengürtel: Einige Monde der Gasriesen Jupiter und Saturn könnten in dieser Hinsicht durchaus interessant sein.

Obwohl sie weit außerhalb der habitablen Zone liegen und deshalb aufgrund der reinen Sonneneinstrahlung viel zu kalt sein sollten, könnten einige von ihnen große Mengen flüssigen (!) Wassers haben. Wie kann das bloß sein? Es stellt sich heraus: Der Planet macht's! Ähnlich wie unser Mond aufgrund seiner Anziehungskraft die Ozeane im Laufe einer Erdrotation verformt und so die Gezeiten verursacht, wird auch das Innere der Jupiter- und Saturnmonde durch die enormen Gezeitenkräfte, denen sie ausgesetzt sind, durchgewalkt. Dabei wird Energie erzeugt, die sich in Wärme manifestiert. Wie bei einem im Kühlschrank gelagerten Teig, der im Anschluss gut durchgeknetet wird. *Io*, der innerste der vier großen Jupitermonde, erlebt dank dieses Effektes permanente Vulkanausbrüche und hat eine sich ständig erneuernde Oberfläche, die von heißen Lavaflüssen übersät ist.

Das erinnert mich an die große Insel von Hawaii, wo ich mal mit meinem Doktorvater am *Mauna Kea* Observatorium war: Dort war unser Abendritual nicht nur, den Sonnenuntergang zu schauen, sondern auch, der Vulkangöttin *Pele* Kekse zu opfern, damit sie für eine sternklare Nacht sorgte. Hat tatsächlich funktioniert! Wie du siehst, können auch wir meist sehr rationalen Astronominnen von Zeit zu Zeit dem Aberglauben verfallen.

Manche der größeren Monde können im Inneren zusätzlich noch Wärme aus ihrer Entstehungszeit gespeichert haben. So ist der massereichste Mond des gesamten Sonnensystems, der Jupitermond *Ganymed*, vom Aufbau her fast ein Planet: Er ist größer als der Merkur, besitzt einen flüssigen Eisenkern, ein eigenes Magnetfeld – und unter der gefrorenen Oberfläche möglicherweise den größten Ozean im gesamten Sonnensystem, größer auch als die Meere unserer Erde. Ob darin Lebewesen herumschwimmen? Wer weiß!

Damit der Ozean mit den nötigen Nährstoffen versorgt wird, müsste das flüssige Wasser direkt auf der Felsenschicht aufliegen, anstatt durch eine Eisschicht von den Alien-Leckereien getrennt zu sein. Ob das bei *Ganymed* der Fall ist, wissen wir nicht. Bei einem anderen Mond hingegen stehen die Chancen dafür gut: Der winzige Saturnmond *Enceladus* ist laut Beobachtungen mit Geysiren gesegnet! Ja, Geysire. Die Dinger, die in Island Fontänen in die Luft sprühen und mich gerade von einem Wellnessurlaub träumen lassen.

Woher bei *Enceladus* die dafür nötige Energie kommt, ist unklar – die berechneten Gezeitenkräfte sollten eigentlich nicht ausreichen und der Mond ist mit einem Durchmesser von nur 500 Kilometern zu klein, um genug Wärme gespeichert zu haben. Den Geysiren ist das offensichtlich egal, sie sprühen fleißig durch die dicke Eiskruste an der Oberfläche hindurch Fontänen in den Weltraum. Unter dem Eis liegt Messungen der *Cassini* Raumsonde zufolge ein Ozean, auf dessen Boden heiße hydrothermale Quellen existieren könnten – ähnlich den „schwarzen Rauchern" der irdischen Tiefsee. Und dort ist einigen Theorien zufolge immerhin das erste irdische Leben entstanden.

Wäre ich eine außerirdische Lebensform, würde ich mich aber wahrscheinlich auf noch einem anderen Mond verstecken: dem viertgrößten Jupitermond *Europa*. Der sieht aus, als wenn ein

Kind darauf herumgekritzelt hätte: Die Eisoberfläche ist übersät von Furchen und Ritzen, wahrscheinlich bedingt durch Eruptionen in dem 100 (!) Kilometer tiefen Wasserozean darunter. Was das Wellnessprogramm angeht, würde ich auch hier auf meine Kosten kommen: *Europa* hat zumindest an den Polen Wassergeysire, die um ein Vielfaches stärker sind als die auf *Enceladus*. Wo sie am Boden des Ozeans entspringen, sollte es selbst für Frostbeulen wie mich noch warm genug sein.

Auch Nahrungsquellen scheint es genügend zu geben – immerhin ist an der Oberfläche *Europas* neben Wassereis auch Salz zu finden, was dafür spricht, dass der Ozean direkt auf einem felsigen, tektonisch aktiven Kern aufliegt. Warmes Wasser und gutes Essen, viel mehr braucht es nicht, um glücklich zu sein. Außerdem eignet sich *Europas* Ozean wirklich hervorragend als Versteck: Nicht nur die kilometerdicke Eiskruste schützt mich vor neugierigen Blicken, sondern auch der Strahlungsgürtel Jupiters.

Der Jupitermond *Europa*, aufgenommen von der *Galileo* Raumsonde.

Einer dieser nervigen Erdmenschen würde an der Oberfläche meines Heimatmondes innerhalb einiger Stunden an der hochenergetischen Strahlung sterben. Tief unten im Ozean wäre sie mir dagegen egal und könnte mir durch Freisetzen von Sauerstoff aus der Eiskruste sogar ein Brausebad ermöglichen. Und das Beste: Als Europäerin würde ich mich im Europa 2.0 sofort heimisch fühlen.

Ob es in den unterirdischen Ozeanen einiger Eismonde tatsächlich Lebewesen gibt, werden wir hoffentlich irgendwann herausfinden. Doch obwohl diese möglichen Aliens in unserem Sonnensystem und damit so unglaublich viel näher wären als hypothetische Bewohner irgendeiner exoplanetaren Erde 2.0, werden sie alles andere als leicht zu finden sein. Um sie wirklich mit unseren eigenen Augen (beziehungsweise Kameras) zu sehen, müssten wir kilometerweit durchs Eis bohren und dann eine Milliarde Kilometer entfernt von der Erde ein U-Boot losschicken. Davon sind derzeit zu den Jupitermonden geplante Missionen wie die JUICE-Sonde der NASA oder auch der *Europa-Clipper* der NASA noch meilenweit entfernt. Aber gut, vor 20 Jahren hätten wir wohl auch nicht geglaubt, einmal einen Helikopter auf dem Mars fliegen lassen zu können – dank der *Ingenuity*-Drohne wissen wir nun, es ist kein Ding der Unmöglichkeit. Deswegen bin ich optimistisch, dass wir Leben im Sonnensystem finden werden, falls es denn existiert. Und wer weiß? Vielleicht sind die Tiefseeeinwohner Europas ja weiter entwickelt, als wir zu träumen wagen, und kommen uns ein Stück entgegen.

BLAU

UV-LICHT

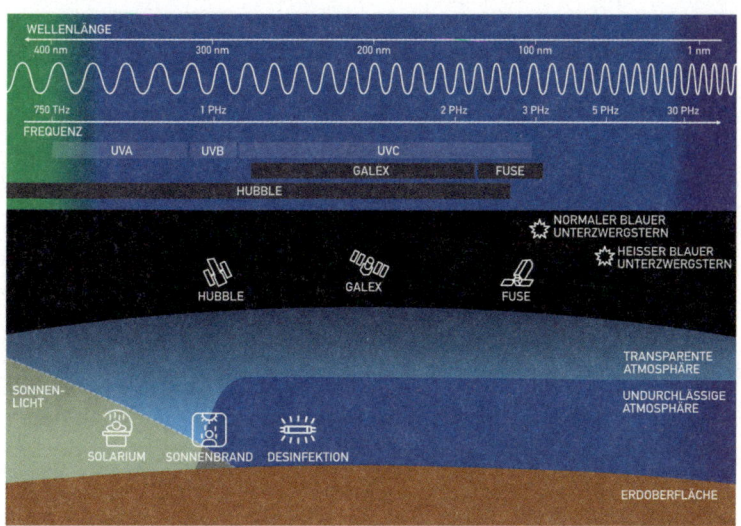

rüher dachte ich bei UV-Licht sofort an wilde Disco-Nächte. Als typischer Teenager der 90er Jahre trug ich da nach Möglichkeit immer etwas Weißes, um unter der Schwarzlichtlampe zu leuchten und mich wie eine dieser Tänzerinnen aus einem Musikclip zu fühlen. Heute ist meine erste Assoziation eher verstörend, nämlich: Donald Trump. Der hat mir das UV-Licht madig gemacht, als er 2020 groß tönte, es „irgendwie in den Körper zu bringen" und damit das Coronavirus bekämpfen zu wollen. Hat leider nicht geklappt – wie so viele seiner vermeintlich genialen Ideen.

Dabei kann UV-Licht tatsächlich keimtötend wirken, vor allem die kurzwellige UVC-Strahlung. Die wird zum Beispiel in Krankenhäusern zur Desinfektion benutzt. Allerdings nicht zur Desinfektion von mit Viren befallenen Lungen, sondern von Oberflächen:

STECKBRIEF

Wellenlänge: 10–380 nm
Frequenz: 790 THz–30 PHz
Teleskope: *Hubble*, FUSE, GALEX
Astronomische Quellen: heiße Sterne, heißes Gas
Anwendung: Schwarzlichtlampe, Desinfektion, Solarium, Ozonschicht

Auf denen werden Bakterien, Keime und auch Viren durch intensive UVC-Bestrahlung effektiv abgetötet. Und auch Anlagen zur Luftreinigung arbeiten damit[31]. Bereits im menschlichen Körper eingenistete Viren hingegen tangieren auch größere Dosen von UV-Licht nicht, soweit wir bisher wissen. Den Körper selbst leider schon – wie wir jedes Mal merken, wenn wir mal wieder etwas zu lange in der Sonne waren. Zumindest bei meiner hellen Haut heißt es dann schnell: Sonnenbrand! Und das, obwohl ich mich meist ziemlich gewissenhaft eincreme.

Hervorgerufen wird Sonnenbrand vor allem durch die UVB-Strahlung der Sonne. Die hat etwas kürzere Wellenlängen und somit mehr Energie als das UVA-Licht – dringt dafür aber nicht so tief in die Haut ein. Wie bei so vielem im Leben ist das Maß entscheidend: Zu viel UVB-Strahlung ist definitiv ungesund und kann langfristig zu Hautkrebs führen, ein bisschen ist aber durchaus förderlich, denn UVB-Strahlung kurbelt auch die Vitamin-D-Synthese an. Interessanterweise leiden die meisten Menschen in unseren nördlichen Breitengraden an leichtem Vitamin-D-Mangel, ich eingeschlossen. Da ich durchs Wandern, Skifahren und Gleitschirmfliegen relativ viel Zeit draußen in den Bergen verbringe, war ich von der Diagnose einigermaßen geschockt: Wie konnte das denn sein?

Die nüchterne Antwort des Arztes: zu viel Sonnencreme! Tatsächlich bekommt meine Haut auch durch Tagescremes mit Lichtschutzfaktor vor allem im Winter einfach nicht genug UV-Strahlung ab. Ich finde das lustig: Seit meiner Kindheit wurde mir immer eingetrichtert, mich ja gut einzucremen, je höher der Lichtschutzfaktor, desto besser. Und jetzt stellt sich heraus, dass man es damit auch übertreiben kann! Eine Ausrede, um jetzt den ganzen Tag beim Sonnenbaden zu verbringen, habe ich leider trotzdem nicht, denn Vitamin D gibt es auch in Tablettenform. Schade – den Strandurlaub auf Rezept hätte ich mir gerne gegönnt.

Beim Sonnenbaden bekommen wir nicht nur UVB, sondern vor allem auch die kurzwelligeren UVA-Strahlen ab, die direkt an das sichtbare violette Licht angrenzen. Die haben eine etwas niedrigere Energie und wurden deswegen lange Zeit unterschätzt: In meiner Jugend gehörte der regelmäßige Besuch im Solarium fast schon zum guten Ton. Die dort eingesetzte UVA-Strahlung galt im Gegensatz zur UVB-Strahlung als gesundheitlich unbedenklich und wurde zum Beispiel bei unreiner Haut oder auch gegen den Winterblues empfohlen.

Erst in den letzten Jahren kristallisierte sich immer mehr heraus, dass auch UVA-Strahlung zu schwarzem Hautkrebs führen kann – und durch die größere Eindringtiefe in die Haut nicht nur für eine sexy Bräune, sondern auch für vorzeitige Hautalterung und Falten verantwortlich ist. Unzählige Sonnenbanksüchtige der 8oer und 9oer Jahre wissen, wovon ich spreche. Trotzdem gilt generell: Je höher die Energie der Strahlung, desto schädlicher ist sie für Lebewesen. Zum Glück für Sonnenanbeter wird ein Großteil der UVB- und fast die komplette UVC-Strahlung der Sonne vom Ozon (und anderen Sauerstoffmolekülen) in unserer Atmosphäre absorbiert.

Wäre das nicht der Fall, würden wir nicht nur komplett verkohlt durch die Gegend rennen, sondern hätten es als Spezies wohl niemals aus dem Wasser geschafft. Erst nachdem sich vor etwa 600 Millionen Jahren in der Erdatmosphäre genug Sauerstoff angesammelt hatte, um in der Höhe eine Ozonschicht zu bilden, kamen die Fische überhaupt auf die Idee, es mal mit einem Landgang zu versuchen. Davor wären sie von der starken UV-Strahlung der Sonne unbarmherzig gegrillt worden, sobald sie das Wasser verließen. Gegrillter Fisch klingt jetzt vielleicht gar nicht mal schlecht, falls du gerade Hunger hast – allerdings müsstest du den unter Wasser essen. Und hättest dazu weder Zitronensaft noch Pommes. Da lobe ich mir doch die Ozonschicht.

Blöd nur, dass diese uns Menschen beschützende Ozonschicht sehr sensibel auf chemische Veränderungen in der Atmosphäre reagiert. In einer sauberen Stratosphäre regiert der Ozon-Sauerstoff-Zyklus: Dabei spaltet die UV-Strahlung der Sonne in etwa 15 bis 30 Kilometern Höhe O_2-Sauerstoffmoleküle immer wieder auf, sodass sich das frei gewordene einzelne Sauerstoffatom mit anderen O_2-Molekülen zu O_3, also Ozon, verbindet. Die Ozonmoleküle werden dann wiederum aufgetrennt, finden aber bald neue O_2-Partner, mit denen sie sich verbinden, sodass die Ozonmenge annähernd gleich bleibt (und nein, ich versuche hier definitiv keine Schleichwerbung für einen großen Telekommunikationsanbieter zu machen!).

Problematisch wird es, wenn die einzelnen Sauerstoffatome stattdessen von Fluorkohlenwasserstoffen abgefangen werden: Dann baut sich im Laufe der Zeit das Ozon ab. Dadurch entsteht das berüchtigte Ozonloch, das ab 1985 zu einer Horrormeldung nach der anderen führte, vom „Loch im Himmel" bis hin zu Studien an chilenischen Hasen, die aufgrund der UV-Strahlung an grauem Star erblindet waren und so von Jägern regelrecht eingesammelt werden konnten. In diesem Falle war die Panikmache genau das Richtige, denn schon 1987 wurde mit dem Montrealer Protokoll die Nutzung von FCKW stark reguliert, was tatsächlich die Ozonschicht (und wohl so einige chilenische Hasen) rettete. Seit einigen Jahren schließt sich das Loch langsam wieder. Ein schönes Beispiel dafür, dass Klimaschutz funktionieren kann, wenn nur entschlossen und global genug gehandelt wird.

Feuer und Flamme

Die elektromagnetische Strahlung der Sonne spendet also unserem Planeten und uns nicht nur die notwendige Energie für Leben, sondern hat auch das Potenzial, es zu zerstören. Vor allem hochenergetische Strahlung mit Wellenlängen im Bereich des

UV-Lichtes oder kürzer ist unter Umständen tödlich für Leben, wie wir es kennen. Deswegen ist es auch kein Zufall, dass unsere Sonne ein relativ kühler, ruhiger, massearmer Stern ist und kein blauer Überriese oder junger weißer Zwerg. Solche heißen Sterne geben ihre stärkste Strahlung im UV-Bereich ab, nicht wie die Sonne im sichtbaren Wellenlängenbereich.

Lange Zeit war nicht klar, ob heiße, massereiche Sterne überhaupt Planeten beherbergen können, geschweige denn mögliches Leben. Denn die große Hitze und hochenergetische Strahlung sollten die Akkretionsscheiben um diese Sterne herum schnell verdunsten lassen – und mit ihnen das Material, aus dem sich eventuell Planeten bilden könnten. Wie ein Lagerfeuer, das den Schnee im näheren Umkreis schmelzen lässt. Und bei Bedarf auch noch wilde Wölfe und Bären fernhält. Deswegen war es eine Überraschung, als 2021 ein Planet um den 20 000 Grad heißen Stern *b Centauri* entdeckt wurde[32] – allerdings sehr weit draußen, bei der 560-fachen Sonne-Erde-Distanz (oder fast 20-mal so weit, wie der äußerste Planet des Sonnensystems, Neptun, von der Sonne entfernt ist).

Dieser Planet ist zehnmal so massereich wie Jupiter, also fast schon ein brauner Zwerg, und damit einer der massereichsten Planeten, die bis jetzt gefunden wurden. Wahrscheinlich konnte er nur aufgrund seiner großen Masse und der riesigen Entfernung zu seinem Mutterstern überhaupt überleben. Zöge hingegen *b Centauri* anstatt der Sonne bei uns im Sonnensystem ein, würde die Erde von dessen hochenergetischer Strahlung erbarmungslos pulverisiert werden.

Trotz ihrer eher lebensfeindlichen Eigenschaften mag ich heiße Sterne. Ich glaube, ich bin vom Typ her einfach jemand, der gerne mit dem Feuer spielt. Und das leider nicht nur, wenn es um Sterne geht. Aber eben auch dort: Meine wissenschaftliche Forschung konzentriert sich auf pulsierende blaue Unterzwergsterne, die mit Oberflächentemperaturen von bis zu 100 000 Grad zu den heißesten Sternen überhaupt gehören. Blaue Unterzwerge – das klingt erst mal niedlich, nach Schlümpfen und so. Und tatsächlich sind meine Lieblingssterne vergleichsweise klein, ungefähr ein Zehntel so groß wie die Sonne mit ungefähr der Hälfte ihrer Masse. Das passt ganz gut zu mir, ich bin mit meinen 1,59 Metern auch nicht die Größte. Es gibt ja diesen Spruch, dass Hundebesitzer und ihre Vierbeiner sich ähneln – ich frage mich gerade, ob das auch für Astronominnen und ihre Sterne gilt. Falls ja, hätte ich es wirklich schlimmer erwischen können, denn trotz ihrer kleinen Größe haben es blaue Unterzwerge in sich: Sie sind nicht nur unglaublich heiß, sondern auch noch mysteriös und damit (zumindest für Wissenschaftler) höchst attraktiv. Damit kann ich leben!

Tatsächlich wissen wir noch immer nicht genau, wie blaue Unterzwergsterne entstanden sind. Klar ist, dass sie sich in einem fortgeschrittenen Entwicklungsstadium nach der roten Riesenphase befinden und den Großteil ihrer Wasserstoffhülle verloren haben. Wie bei einem aus den Klamotten geschälten Supermodel wird dabei der nackte heiße Kern freigelegt. Anders als beim Supermodel besteht der anfangs zum Großteil aus Helium, das durch Fusionsprozesse langsam in Kohlenstoff und Sauerstoff umgewandelt wird. Am Ende bleibt ein weißer Zwerg übrig, der nach und nach abkühlt und dabei unter seiner eigenen Schwerkraft kristallisiert; dabei bildet sich eine diamantähnliche Struktur. Mit Radien von Tausenden von Kilometern gelten kühle weiße Zwerge als die größten Diamanten im Universum – da soll mal einer sagen, Astrophysik sei nicht glamourös!

Die Eine-Million-Euro-Frage, wenn es um blaue Unterzwerge geht, ist, wie sie es geschafft haben, ziemlich plötzlich ihre komplette Hülle zu verlieren. Schließlich gibt es keine Stripschule für Sterne, zumindest, soweit wir wissen. Es ist daher wahrscheinlich, dass unsere kosmischen Schlümpfe stattdessen von einem Begleiter ausgezogen wurden. Dazu passt, dass weit über die Hälfte aller blauen Unterzwerge in einem Binärsystem, also einer stellaren Partnerschaft leben. Und klar, es gibt auch Sternenharems mit mehreren aneinander gebundenen Sternen, aber die sind noch komplizierter. Denn wie in menschlichen Beziehungen beeinflussen sich die Sterne in einem eng gebundenen System gegenseitig. Je nachdem, wie viel Masse sie haben, entwickeln sie sich unterschiedlich schnell: Der massereichere Stern eines Binärsystems verschießt seinen Wasserstoffvorrat zuerst und bläht sich vor seinem Begleiter zum roten Riesen auf.

Wenn die Sterne günstig stehen, kann der kompaktere, jung gebliebene Stern die Wasserstoffhülle des anderen nun wie einen nur lose übergeworfenen Umhang an sich reißen: Vom ehemals massereicheren Stern bleibt nur der mehr oder weniger nackte brennende Heliumkern übrig und bildet einen heißen blauen Unterzwerg. Du siehst, Astrophysik ist nicht nur glamourös, sondern auch extrem sexy. Jedenfalls, wenn man auf Striptease von Weltraum-Schlümpfen steht.

Enge Partnerschaften machen das Leben von Sternen komplexer, aber auch interessanter. Der Prozess der Akkretion oder des Sich-gegenseitig-Materie-Entreißens kann nicht nur zu blauen Unterzwergsternen führen, sondern auch zu plötzlichen Helligkeitsausbrüchen und gigantischen Explosionen von weißen Zwergen.

Bei den sogenannten kataklysmischen Veränderlichen entreißt ein weißer Zwerg seinem Begleiter Materie. Dabei wird immer wieder die Akkretionsscheibe um den weißen Zwerg herum oder sogar eine thermonukleare Reaktion auf der Oberfläche selbst angeregt: Der Stern scheint dann während eines Ausbruchs zeitweise sehr viel heller zu strahlen, bevor er wieder in seinen Normalzustand verfällt. Wächst die Masse des weißen Zwergs durch die Akkretion allerdings zu sehr an, wird es im Inneren so heiß, dass eine katastrophale Kohlenstofffusion einsetzt. Dann gibt es eine Supernova-Explosion[33], die den weißen Zwerg komplett sprengt. Übrig bleibt das in den Weltraum herausgeschleuderte Sternenmaterial in Form eines hübsch leuchtenden Supernova-Überrestes sowie der mit hoher Geschwindigkeit wegschießende Begleitstern. Solche Ausreißer- oder Hypergeschwindigkeits-Sterne können mitunter so rasant unterwegs sein, dass sie die Galaxie verlassen! Das ist zumindest der Fall bei *US 708*, einem der schnellsten bekannten Sterne überhaupt, der sich mit über 4 Millionen Stundenkilometern (!) aus der Scheibe der Milchstraße entfernt[34]. Der ist zudem auch noch ein blauer Unterzwergstern, was ihn von vornherein schon mal sympathisch macht.

Dating für Sterne

Wie die Protagonisten einer jeden guten Liebesschnulze reicht es manchen Sternen nicht, sich gegenseitig die Materie vom Leibe zu reißen – nein, sie wollen komplett verschmelzen. Dafür müssen sie sich natürlich erst mal nahe kommen. Das tun sie entweder innerhalb der festen Partnerschaft eines engen Binärsystems oder aber in Kugelsternhaufen. Letztere sind die Ü40-Partys des Weltraums: Dort tummeln sich auf engstem Raum unzählige vorwiegend ältere Sterne. Allerdings läuft die Party schon eine ganze Weile, denn man geht bei den meisten Kugelsternhaufen davon aus, dass sich der Großteil der Sterne gleichzeitig aus derselben riesigen Molekularwolke gebildet hat. Je nach Masse sind einige von ihnen noch auf der Hauptreihe und fusionieren Wasserstoff, andere sind bereits als weißer Zwerg im Endstadium angekommen. Und da Kugelsternhaufen zu den ältesten Strukturen in Galaxien, wenn nicht des gesamten Universums zählen, kann man sich leicht ausrechnen, dass diese Sterne seit vielen Milliarden von Jahren zusammenleben. Das tun sie am Rande des

Geschehens, weit weg von der Scheibe, im Halo von Galaxien. Allein unsere Milchstraße beherbergt über 150 Kugelsternhaufen, die auf den ersten Blick wie schwach leuchtende Nebel aussehen, sich bei näherem Hinsehen aber als riesige Klumpen von funkelnden Sternen entpuppen.

Der größte und leuchtkräftigste Kugelsternhaufen der Milchstraße ist *Omega Centauri* mit einer Sternbevölkerung von rund 10 Millionen Sternen[35]. Im Vergleich zu einer solchen Metropole wirken normale Kugelsternhaufen mit Zehn- bis Hunderttausenden Sternen wie kleine Dörfer. Und streng genommen ist *Omega Centauri* auch kein richtiger Kugelsternhaufen, sondern höchstwahrscheinlich der übrig gebliebene Kern einer Zwerggalaxie, die von der Milchstraße akquiriert und auseinandergerissen wurde. Beim Stern-Dating kann es durchaus mal rabiat zugehen. Aber auch die Romantik kommt hier nicht zu kurz. In einer klaren, dunklen Nacht kann man *Omega Centauri* mit bloßem Auge als fast vollmondgroßen diffusen Lichtfleck am Himmel erkennen, zumindest von der Südhalbkugel aus. Das bringt selbst mich als abgebrühte Profi-Astronomin, die man himmelstechnisch nicht so leicht beeindrucken kann, ins Schwärmen. Denn zu *Omega Centauri* habe ich eine ganz besondere Verbindung.

Wie es bei so vielen Beziehungen der Fall ist, wurde meine Leidenschaft für *Omega Centauri* eher zufällig entfacht. Natürlich kannte ich dieses Schwergewicht unter den Kugelsternhaufen von Fotos und den vielen Erzählungen meiner Freundinnen, die schon lange vor mir bekennende Fans waren. Aber sonderlich interessiert war ich nicht – bis ich in einer Beobachtungsnacht am *La Silla* Observatorium der ESO in Chile am Ende der Nacht noch ein paar Stunden Zeit übrig hatte.

Wie bei einer auslaufenden Party waren die für mich interessanten Objekte schon längst hinter dem Horizont verschwunden, aber ich hatte die letzte U-Bahn verpasst, sodass ich noch bis

Mein Lieblingskugelsternhaufen *Omega Centauri*, aufgenommen in sichtbarem Licht mit dem *VLT Survey Telescope*.

zum Morgengrauen ausharren musste. Ich denke, in der Situation waren wir alle schon mal. Also machte ich das Beste draus: Mir stand schließlich das NTT, eines der modernsten 4-Meter-Teleskope der Welt, zur Verfügung und das Wetter war phänomenal – da geht man nicht einfach schlafen, sondern findet einen Grund, weiter in den Himmel zu schauen. Ich hatte während der Nacht einige pulsierende blaue Unterzwerge beobachtet, mit dem Ziel, deren Helligkeitsschwankungen möglichst genau zu messen und daraus den inneren Aufbau dieser Sterne abzuleiten. Das Verfahren nennt sich Asteroseismologie und funktioniert ähnlich wie die Seismologie auf der Erde. Dort gleicht man die Schwingungen, die von Erdbeben ausgelöst werden und an unterschiedlichen Stellen an der Erdoberfläche gemessen werden, mit Modellen ab und kann aufgrund der verschiedenen Ankunftszeiten und Stärken Rückschlüsse auf die Beschaffenheit und Lage der unterschiedlichen Materialschichten im Erdinneren ziehen. Bei der Asteroseismologie tut man genau dasselbe, nur eben bei bebenden Sternen.

Die Instrumente und ich waren also schon auf das Beobachten von Helligkeitsschwankungen in pulsierenden heißen Unterzwergen eingestellt – und um vier Uhr morgens hatte ich auch nicht mehr die Energie, noch groß umzudenken. Also suchte ich einfach nach neuen pulsierenden blauen Unterzwergen. Zu dem Zeitpunkt befanden sich alle bekannten Objekte dieser Art in der Scheibe der Milchstraße, es gab aber keinen ersichtlichen Grund, warum sie nicht auch in Kugelsternhaufen zu finden sein sollten. Im Gegenteil, denn gängigen Theorien zufolge entstehen solche Sterne nicht nur in Binärsystemen, sondern auch beim Verschmelzen zweier weißer Zwerge. Und im Getümmel der Kugelsternhaufenparty würde es schon fast an ein Wunder grenzen, wenn sich da nicht zwei weiße Zwerge in die Arme gelaufen und im Eifer des Gefechts bis zum Äußersten gegangen wären.

Allerdings war die Suche einiger meiner Kollegen nach pulsierenden heißen Unterzwergen in mehreren Kugelsternhaufen erfolglos gewesen. Aber ich dachte mir, es könnte nicht schaden, noch mal nachzuschauen, ich hatte ja sonst eh nichts zu tun. Da *Omega Centauri* gerade gut zu beobachten war, richtete ich das Teleskop also während der verbleibenden Nachtstunden mehr oder weniger spontan auf den riesigen Kugelsternhaufen – und vergaß die Daten prompt irgendwo in den Tiefen meiner Festplatte.

Erst einige Monate später kam ich dazu, mir die Bilder anzuschauen, etwas lustlos, da ich nicht wirklich damit rechnete, irgendetwas Interessantes zu finden. Umso überraschter war ich, als mein Datenanalyseprogramm einen pulsierenden Stern ausspuckte, der in etwa die richtige Helligkeit und Farbe hatte, um ein blauer Unterzwergstern zu sein. Mit seiner kurzen Pulsationsperiode von 114 Sekunden passte er gut in das Schema der bekannten pulsierenden blauen Unterzwerge – ich hatte anscheinend tatsächlich den ersten Vertreter dieser Klasse von Sternen in einem Kugelsternhaufen gefunden!

Das sind die Momente, für die ich die Wissenschaft liebe: solch unerwartete Entdeckungen, die dann jahrelang die Forschung beflügeln und sie unter Umständen in eine ganz neue Richtung lenken. Zumindest für mich und einige meiner Kolleginnen war das hier der Fall: Wir begannen plötzlich, uns für Kugelsternhaufen zu interessieren, und starteten ein mehrere Jahre währendes Projekt, das wir einem nächtlichen Geistesblitz folgend SHOTGLAS nannten. Dieses geniale Akronym steht für *Spectroscopy of HOT GLobular cluster Aging Stars* (Spektroskopie von heißen alten Sternen in Kugelsternhaufen) und ist vielleicht etwas weit hergeholt, rechtfertigte aber den Genuss so einiger (meist brennender) hochalkoholischer Shots bei Konferenzen, Workshops und Ski-Teambuilding-Events. Alles im Namen der Wissenschaft natürlich.

Hubble, hilf!

Wie sich ein paar Jahre später herausstellte, war der pulsierende blaue Unterzwergstern in *Omega Centauri* noch sehr viel heißer als ursprünglich gedacht und damit der erste Vertreter einer ganz neuen Klasse von pulsierenden Unterzwergsternen. Um das herauszufinden, mussten wir allerdings ins Weltall – oder zumindest von dort aus beobachten.

Wie ich schon erwähnte, strahlen heiße Sterne wie meine lieben blauen Unterzwerge im Gegensatz zu kühleren Sternen wie der Sonne ja vorwiegend im UV- anstatt dem sichtbaren Bereich. Logischerweise können sie dann bei diesen kürzeren Wellenlängen auch besser gesehen werden. Und bei Kugelsternhaufen wie *Omega Centauri* kommt noch erschwerend hinzu, dass die Sterne so dicht gepackt sind, dass man sie selbst mit großen Teleskopen kaum auseinanderhalten kann. Wie eine Herde Schafe von Weitem betrachtet. Da aber die meisten Sterne im UV-Bereich nicht so stark strahlen, stechen die heißen Sterne in UV-Bildern hervor wie einzelne schwarze Schafe zwischen all den weißen. Je kürzer die Wellenlänge, desto besser. Deswegen hatte ich bei den Beobachtungen am *La Silla* Observatorium ja auch einen Nah-UV-Filter benutzt – weiter in den kurzwelligeren UV- Bereich kann man von der Erdoberfläche aus allerdings nicht blicken. Also bewarben wir uns um Beobachtungszeit am *Hubble* Weltraumteleskop, dem einzigen geeigneten UV-Teleskop, das noch in Betrieb war.

Das *Hubble Space Telescope*, kurz HST, ist inzwischen legendär – jeder kennt die spektakulären Bilder von Nebeln, Planeten und Galaxien. Ursprünglich auf eine Missionsdauer von 15 Jahren ausgelegt, ist das 1990 mit dem Spaceshuttle *Discovery* gestartete HST nun seit über 30 Jahren im Einsatz. Es ist das wohl bekannteste Teleskop überhaupt, wie man unschwer aus der rekordverdächtigen Länge des entsprechenden Wikipedia-Eintrags ableiten kann. Dabei war das Projekt in der Anfangszeit alles andere als vielversprechend: Durch das Unglück des Spaceshuttles *Challenger* im Jahr 1986 wurde der Start immer wieder verschoben, und als das HST dann endlich im Weltall war und Bilder lieferte, waren diese zum allgemeinen Entsetzen verschwommen! Der Grund hierfür war nicht etwa irgendein leicht korrigierbarer Softwarefehler, sondern ein falscher Schliff des 2,4 Me-

Arbeitsplatz mit Aussicht: Wartungsarbeiten am *Hubble* Weltraumteleskop. Unten sieht man das Spaceshuttle, das an das Teleskop gedockt wurde.

ter großen Hauptspiegels. Autsch!!! Eine Weile lang befürchtete man, dass die ganze Mission gescheitert sei. Schließlich war das Ding im Weltraum, mehr als 500 Kilometer über der Erdoberfläche, da konnte man nicht so ohne Weiteres den Hauptspiegel austauschen. Aber zum Glück war *Hubble* von Anfang an darauf ausgerichtet, von Astronauten gewartet werden zu können – und das war seine Rettung.

Im Dezember 1993 fand die erste von insgesamt fünf HST-Wartungsmissionen statt, die durch den Einbau eines korrektiven Linsensystems tatsächlich den Hauptspiegelfehler beheben konnte. Seitdem liefert das Teleskop exquisite Daten, die in vielen Bereichen nach wie vor auch mit moderneren Teleskopen nicht zu übertreffen sind. Neben den ikonischen *Pillars of Creation* (siehe Kapitel *Gelb*) ist das wohl bekannteste Bild das *Hubble Ultra Deep Field*, auf dem rund 10 000 Galaxien zu sehen sind. Die weitesten von ihnen sind 13 Milliarden Lichtjahre von uns entfernt – wir sehen also zurück in die Vergangenheit bis zur Zeit nur 800 Millionen Jahre nach dem Urknall!

Ich weiß nicht, wie es dir geht, aber mit dem Wissen bekomme ich immer wieder Gänsehaut, wenn ich mir dieses Bild anschaue. Ein Astronomen-Freund von mir hat es sich sogar als riesiges Poster an die Wand gehängt als Erinnerung, sich selbst nicht zu wichtig zu nehmen. Die Aufnahmen von *Hubble* füllen Hochglanz-Bildbände und inspirieren auch Menschen zum Träumen, die sonst nichts mit Astrophysik anfangen können. Und aus wissenschaftlicher Sicht gibt es kaum einen Bereich der Astronomie, den das HST nicht vorangebracht hat. Von den Planeten unseres Sonnensystems über Sternentstehungsstätten in unserer Galaxie bis hin zur Expansion des Universums selbst war alles dabei. Für mich ist das *Hubble* Weltraumteleskop das perfekte Beispiel für ein schon kurz vor dem Scheitern stehendes Projekt, das widrigen Umständen zum Trotz größte Hindernisse überwinden und letztendlich alle Erwartungen übertreffen konnte. Hashtag #greifnachdensternen.

Was das HST so erfolgreich macht? Neben der Tatsache, dass es im Weltraum einen von der Erdatmosphäre ungetrübten Blick in den Weltraum hat, ist es wohl seine Vielseitigkeit. Die Instrumente an Bord reichen von Weitbildkameras bis zu hochauflösenden Spektrografen und können Aufnahmen eines großen

Wellenlängenbereichs vom Nah-Infrarot bis zum fernen Ultraviolett machen. Da kann kein anderes Teleskop mithalten: Die Observatorien auf der Erdoberfläche werden durch die Strahlungsundurchlässigkeit der Atmosphäre vor allem im UV-Bereich stark eingeschränkt und die modernen Weltraumteleskope sind meist auf einen bestimmten Wellenlängenbereich spezialisiert. Sogar das JWST, das in vielerlei Hinsicht als Nachfolger von *Hubble* gehandelt wird, kann „nur" den Nah- und mittleren Infrarotbereich sehen. Tatsächlich ist das HST zurzeit das einzige Teleskop, das

Das ikonische *Hubble Ultra Deep Field*, auf dem unzählige weit entfernte Galaxien zu sehen sind.

in einem signifikanten Teil des UV-Wellenlängenbereichs vielfältige Objekte beobachten kann und für eine große Wissenschaftscommunity zugänglich ist[36]. Konkrete Pläne für einen angemessenen Ersatz gibt es im Moment nicht.

Obwohl Astronomen weltweit die Daumen drücken, dass uns *Hubble* noch lange erhalten bleibt, zeigt es langsam Ermüdungserscheinungen – und seitdem das Spaceshuttle-Programm 2011 eingemottet wurde, gibt es auch keine Möglichkeit mehr, Wartungsarbeiten auszuführen. Die NASA plant, das Teleskop noch bis mindestens 2026 für Forschungszwecke zur Verfügung zu stellen, aber nach dem Abschalten des HST wird für die UV-Astronomie erst mal ein im wahrsten Sinne des Wortes finsteres Zeitalter anbrechen.

Ich werde sicher nicht die Einzige sein, die um *Hubble* trauert, wenn es so weit ist. Aber immerhin hatte ich das große Glück, einmal mit diesem Superstar unter den Teleskopen arbeiten zu dürfen, denn die Bewerbung unserer SHOTGLAS-Gruppe für die Beobachtung von pulsierenden heißen Unterzwergen in *Omega Centauri* war erfolgreich. Selbstverständlich war das nicht: Von zehn Anträgen auf HST-Beobachtungszeit werden durchschnittlich nur zwei oder drei angenommen.

Dafür bekommt man dann nicht nur für eine gewisse Anzahl von Erdumrundungen das Teleskop zur Verfügung gestellt, sondern auch noch finanzielle Mittel. Die reichten in unserem Fall dafür, eine meiner Kolleginnen in den USA einige Monate lang zu bezahlen und mir eine Reise nach Baltimore zur Bodenstation des HST zu finanzieren. Zum Teleskop selbst zu fliegen wäre mir zwar lieber gewesen, aber ich will nicht undankbar sein. In Baltimore bekam ich von den technischen Experten Hilfe mit der ziemlich komplizierten Datenverarbeitung – und natürlich von meiner Kollegin ein paar Shots ausgegeben. Wir wollten dem Namen unserer Kollaboration schließlich alle Ehre machen.

Alles hat ein Ende ... nur manche Sterne haben zwei!

Als sie endlich fertig analysiert waren, hielten die *Hubble* Daten eine Überraschung für uns bereit: Anstatt wie erwartet um die 30 000 Grad berechneten wir für die inzwischen fünf von uns entdeckten pulsierenden Sterne in *Omega Centauri* Temperaturen von 60 000 Grad[37]! Du fragst dich vielleicht, warum das bitte wichtig sein soll – aus menschlicher Sicht ist schließlich beides unvorstellbar heiß.

Aber tatsächlich ist die Temperatur eines Sterns entscheidend wichtig, um ihn zu verstehen – und das ist schließlich unsere Aufgabe als Wissenschaftlerinnen. Erinnerst du dich noch an das Hertzsprung-Russell-Diagramm (aus dem Kapitel *Grün),* wo die Sterne nach Leuchtkraft und Temperatur angeordnet werden? Aus der Position eines Sterns in diesem Diagramm kann man ableiten, welchen Lebensweg ein Stern verfolgt und wie weit er schon auf diesem Weg vorangeschritten ist. Während die 30 000 Grad heißen pulsierenden blauen Unterzwerge in der galaktischen Scheibe Modellen zufolge enthüllte Kerne von roten Riesen darstellen, die in ihrem Inneren Helium zu Kohlenstoff und Sauerstoff fusionieren, ist bei den viel heißeren pulsierenden Unterzwergen in *Omega Centauri* nicht ganz klar, woher sie kommen. Sind sie einfach die noch älteren Nachfolger von den 30 000 Grad heißen Unterzwergen, deren Vorrat an Helium langsam zur Neige geht und die nun panisch ihre Hülle verbrennen, was sie von außen gesehen noch heißer erscheinen lässt? Entstanden sie vielleicht aus zwei verschmelzenden weißen Zwergen, die in Leidenschaft neu entflammten? Oder entzündete sich bei ihnen der Heliumkern nicht schon am Ende der Roten-Riesen-Phase, sondern erst viel später, als sie schon dabei waren, abzukühlen und zu weißen Zwergen zu werden? Wir wissen es noch nicht – es bleibt spannend!

Die späten Phasen der Sternevolution geben uns Astronominnen auch nach vielen Jahrzehnten der Forschung immer noch

Rätsel auf. Wie auch ältere Menschen haben sie viel erlebt und wurden im Laufe der Jahre immer wieder von ihrem Umfeld und ihren Leidensgenossen beeinflusst. Ein Wehwehchen jagt das nächste, die Symptome gehen nahtlos ineinander über und sind meist nicht eindeutig.

Da ist es oft unmöglich festzustellen, wie der Stern in seinen jetzigen Zustand gelangt ist, in was für einem Zustand er sich überhaupt befindet – und wie es für ihn weitergeht. Eins ist klar: Irgendwann wird der Treibstoff vollständig aufgebraucht sein und der Stern wird erlöschen. Alles hat ein Ende, auch ein viele Milliarden Jahre währendes Sternenleben. Manchmal können schon totgeglaubte Sterne allerdings wiederauferstehen. So wie Jesus. Oder *Take That*.

Die sogenannten wiedergeborenen Sterne, im Englischen *born-again stars*, sind nicht etwa eine Sekte von ultrareligiösen Altrockern aus den USA, sondern schwindende Sterne, denen auf dem Weg zum Friedhof der weißen Zwerge neues Leben eingehaucht wird. Davor hatte der alternde Stern (der das Helium im Kern schon aufgebraucht hat) auf dem asymptotischen Riesenast auch die ihm verbleibende Wasserstoffhülle fast vollständig abgebrannt und abgestoßen. Übrig geblieben war ein planetarer Nebel sowie ein sehr heißer Stern, bestehend aus einem Kohlenstoff-Sauerstoff-Kern, umgeben von einer dünnen Heliumhülle und einer noch dünneren brennenden Wasserstoffschicht. Wie bei einem B52 Shot schwimmen die leichteren Elemente an der Oberfläche, die schwereren Elemente sinken ab. Von unten angefangen haben wir den Kaffeelikör (beziehungsweise das Kohlenstoff-Sauerstoff-Gemisch des Kerns), dann den Baileys (das Helium) und ganz oben eine Schicht Grand Marnier, den man super flambieren kann (den kleinen Rest brennenden Wasserstoff).

Ich habe während des SHOTGLAS-Projektes meine Hausaufgaben gemacht, wie du siehst. Nun ist es ja so, dass bei der

Wasserstofffusion Helium entsteht (wie genau, sehen wir im Kapitel *Violett*). Dieses Helium sammelt sich Tropfen für Tropfen unterhalb der Wasserstoffschicht an, bis das Fass buchstäblich überläuft und die Heliumschicht sich explosiv entzündet. Dadurch wird der Stern innerhalb allerkürzester Zeit um mehrere Größenordnungen heller – im Hertzsprung-Russell-Diagramm kehrt er zurück auf den asymptotischen Riesenast und erlebt dort einen zweiten Herbst! Das wirklich Coole an dieser Stern-wiedergeburt ist für mich, dass wir Menschen sie in Echtzeit mit-verfolgen können.

Normalerweise verläuft die Stern-Evolution eher schleppend, um es mal vorsichtig zu formulieren. Wenn eine Entwicklung innerhalb einiger Hunderttausend oder Millionen Jahre passiert, ist das für Sterne schon schnell. Die Wiedergeburt eines Sterns dagegen vollzieht sich innerhalb weniger Jahre und kann innerhalb eines Menschenlebens verfolgt werden. Da fühlt man sich doch direkt viel verbundener mit dem Kosmos!

Galaktische Aussichten

Meine geliebten heißen Unterzwergsterne findet man nicht nur in der Scheibe unserer Galaxie und in einigen Kugelsternhaufen, sondern vor allem auch in elliptischen Galaxien. Dort sind sie für den Großteil der beobachteten UV-Strahlung verantwortlich, die Astronomen jahrzehntelang ein Rätsel war – wo soll, hat man sich lange gefragt, die bitte herkommen?

Elliptische Galaxien beherbergen nämlich vorwiegend ältere, massearme Sterne, die eher rötlich scheinen und damit kaum UV-Strahlung abgeben. Traditionell gelten heiße blaue Sterne als jung, kühlere rote Sterne hingegen als alt – und wenn man in Stereotypen denkt, ist das auch so. Klar: In älteren Sternpopulationen sind die massereicheren, heißeren Sterne schon überwiegend ausgebrannt und haben die Hauptreihe verlassen. Was bleibt, sind die viel langlebigeren massearmen, kühlen Sterne sowie rote Riesen. Und meine blauen Unterzwergsterne, die sich leicht rebellisch den Stereotypen widersetzen und der alternden Galaxie ordentlich einheizen. Sie sind sozusagen die Bingo-Abende in den Seniorenheimen des Universums.

Ansonsten ist in elliptischen Galaxien im Vergleich zu Spiralgalaxien wie unserer Milchstraße nämlich nicht mehr viel los. Es ist nur noch wenig Gas und Staub vorhanden, aus dem Sterne geboren werden können, dafür ist im Zentrum ein riesiges schwarzes Loch. Die aufregendste Zeit haben diese Galaxien wahrscheinlich hinter sich: Es wird vermutet, dass zumindest ei-

Hubble UV-Beobachtungen eines kleinen Teils der elliptischen Galaxie M32.

nige der größeren elliptischen Galaxien aus dem Verschmelzen zweier Spiralgalaxien entstanden sind.

Wenn du dir aus dem Stegreif eine Galaxie vorstellst, möchte ich wetten, dass es eine Spiralgalaxie ist. Während elliptische Galaxien von Weitem betrachtet einfach einem hellen diffusen Fleck ähneln, sind Spiralgalaxien (wie auch unsere Milchstraße eine ist) teilweise wunderschön anzuschauen. Vom Aufbau her haben sie einen Zentralbereich, der in vielerlei Hinsicht einer elliptischen Galaxie ähnelt: den sogenannten *Bulge*. Er besteht hauptsächlich aus älteren Sternen und beherbergt in der Mitte ein riesiges schwarzes Loch. Drumherum ist eine flache rotierende Scheibe aus Sternen, Gas und Staub, die je nach Typ der Galaxie eine mehr oder weniger starke Spiralstruktur zeigt. Und eingebettet ist das Ganze in den eiförmigen, größtenteils dunklen Halo, der ein paar ältere Sterne und Kugelsternhaufen enthält sowie 95 % der Dunklen Materie der Galaxie.

Für Beobachtungen im UV-Bereich sind vor allem die Spiralarme interessant, in denen heiße junge Sterne ihre Bahnen um das Zentrum der Galaxie ziehen. Denn die leuchten im Vergleich zu den kühleren Sternen in solchen Bildern regelrecht auf und geben Aufschluss über die Rate der Sternentstehung sowie das Phänomen der Spiralarme. Die sind nicht, wie man vielleicht meinen würde, einfach Aneinanderreihungen von Sternen, die wie die Schnurenden von einem rotierenden Wollknäuel hinterhergezogen werden, sondern Dichtewellen.

Tatsächlich kreisen die Sterne wie in einer Rosette um das Zentrum der Galaxie und bewegen sich dabei durch die Spiralarme hindurch – unser Sonnensystem braucht dabei für eine komplette Umrundung etwa 230 Millionen Jahre. Es gibt also durchaus auch Sterne zwischen den Armen, und zwar nur etwa 10–20 % weniger als in den Armen selbst. Die Arme leuchten aber wesentlich heller, weil durch die höhere Gasdichte dort

Sterne entstehen und die massereichsten, leuchtkräftigsten ihren Treibstoff vor Ort verpuffen, noch bevor sie es aus den Armen rausschaffen. Zwischen den Armen hingegen finden sich etwas masseärmere, langlebigere und vor allem im UV-Bereich weniger helle Sterne.

Man kann die Sterne in der Scheibe einer Galaxie mit Eisläufern vergleichen, die an Weihnachten auf einer überfüllten Eislaufbahn im Kreis laufen: Alle bewegen sich mehr oder weniger in die gleiche Richtung, schwenken aber gerne mal nach links oder rechts aus – meist dann, wenn man selbst gerade etwas unbeholfen überholen möchte. Durch das nötige Abbremsen entsteht dann eine Art Rückstau, sodass die anderen Läufer langsamer durch diese Stelle hindurchfahren. Und manche fallen hin und bleiben direkt liegen, schaffen es also nie aus der Dichtansammlung von warm eingepackten Menschen heraus. Zu denen gehöre ich meistens ...

Auf den UV-Bereich spezialisierte Weltraumteleskope haben in den letzten Jahrzehnten unser Verständnis der Sternentstehung und Evolution von Galaxien geprägt. So wurde zum Beispiel mit dem *Far Ultraviolet Spectroscopic Explorer* (FUSE) der NASA (1999–2007) signifikant mehr Deuterium (schwerer Wasserstoff) in unserer Milchstraße nachgewiesen als durch vorherige Messungen. Da dieser wohl nur beim Urknall entstanden ist und durch die Fusionsprozesse in Sternen unwiederbringlich umgewandelt wird, hieße das, dass die Sterne dabei entweder nicht so effizient sind wie gedacht oder dass mehr schwerer Wasserstoff aus der Umgebung auf die Milchstraße heruntergeregnet ist als erwartet[38]. Und der *Galaxy Evolution Explorer* (GALEX, 2002–2013) entdeckte während einer Studie der Sternentstehungsrate im lokalen Universum, dass einige Galaxien ausgedehnte, UV-Strahlung abgebende Sternentstehungsscheiben aufweisen, die fünfmal größer sind, als die Galaxie im optischen Bereich erscheint[39].

UV-Bild der Spiralgalaxie M81, aufgenommen mit dem GALEX Weltraumteleskop.

Ich bin sicher, wir würden mit einer neuen Generation von UV-Weltraumteleskopen noch so einiges entdecken – es ist wirklich schade, dass deren Planung und vor allem Finanzierung so schleppend läuft. Letzteres ist ja immer das größte Problem, besonders natürlich bei Weltraummissionen. Immerhin gibt es mehrere Konzepte der NASA für neue, größere UV-Teleskope, von denen LUVOIR (*Large Ultraviolet Optical Infrared Surveyor*) mit einem Hauptspiegeldurchmesser von 8–15 Metern das ambitionierteste (und mit geschätzten 12–18 Milliarden Dollar natürlich auch das teuerste) ist. Ob es gebaut wird? Ich drücke alle Daumen, die ich habe. Mit ein bisschen Glück (und sehr viel Geld!) wird dann die Zukunft der UV-Astronomie nach einigen dunklen Jahren Ende der 2030er Jahre endlich wieder galaktisch.

INDIGO

RÖNTGEN-STRAHLUNG

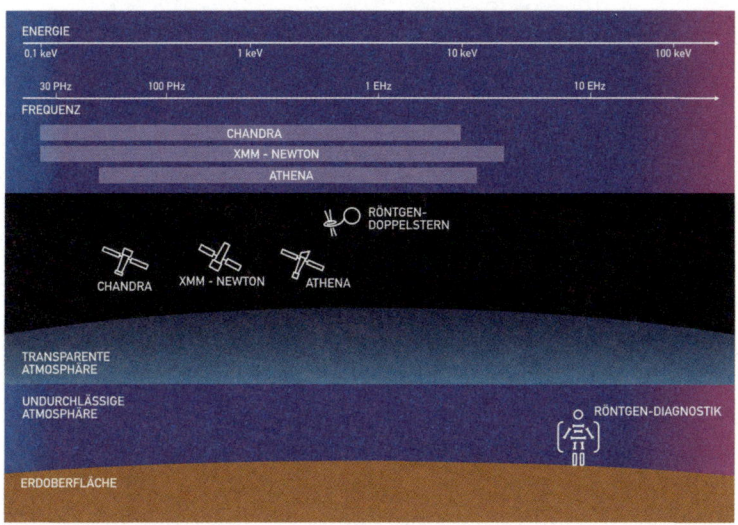

ch weiß nicht, wie es dir geht – aber ich denke bei Röntgenstrahlen sofort an gebrochene Knochen. Nicht die schönste Assoziation. Und in dem Wort schwingt generell etwas Bedrohliches mit. Röntgenstrahlung ist für uns Menschen schädlich, das bekommen wir in jeder Arztpraxis mit, wenn die Ärztin fluchtartig den Raum verlässt, man aber selbst bewegungslos in einer meist unbequemen Position verharren muss und bestrahlt wird. Ich glaube, dass der schlechte Ruf, den Strahlung allgemein hat, auf solche Erlebnisse zurückzuführen ist: Wir denken dabei meist an hochenergetische Strahlung und die Gefahren, die von ihr ausgehen können.

Dabei ist Strahlung nicht gleich Strahlung, wie ich hoffentlich in den letzten Kapiteln eindrücklich vermitteln konnte. Tatsächlich macht es für mich und meinen Organismus einen riesigen Unter-

STECKBRIEF

Wellenlänge: 0,01–10 nm
Frequenz: 0,03–30 EHz
Energie: 0,1–100 keV
Teleskope: XMM-Newton, Chandra, ATHENA
Astronomische Quellen: Röntgendoppelsterne, Supernovae, Intracluster Medium
Anwendung: Röntgengeräte

schied, ob ich von Mikrowellen und sichtbarem Licht getroffen werde oder aber von Röntgenstrahlen. Denn Röntgenstrahlen wirken (so wie auch kurzwellige UV-Strahlen und Gammastrahlen) ionisierend. Das klingt erst einmal gut, nach Wunderheilwasser, positiver Energie und so. Und in bestimmten Situationen können Röntgenstrahlen durchaus heilbringend sein – zum Beispiel in der Krebstherapie. Allerdings nur deswegen, weil sie die strahlungsempfindlichen Krebszellen meist noch etwas stärker als das umliegende gesunde Gewebe schädigen.

Ionisierende Strahlung hat nämlich so viel Energie, dass sie einzelne Elektronen aus Atomen herauskicken (die Atome also ionisieren) kann. Wie bei einem Fußball, der im Matsch stecken geblieben ist: Man muss ihn nur fest genug treten, dann löst er sich und flutscht heraus. Die Photonen langwelligerer Strahlung haben nicht genug Schmackes dafür, Röntgenphotonen aber schon. Das frei gewordene Elektron schießt dann mit fast Lichtgeschwindigkeit durch die Gegend, ionisiert dabei andere Atome und verursacht so eine Kettenreaktion.

Eigentlich klar, dass so was nicht gesund für den menschlichen Körper sein kann, oder? Tatsächlich kann eine hohe Dosis ionisierender Strahlung Verbrennungen und langfristig Krebs verursachen – dabei geht man allgemein davon aus, dass das Krebsrisiko linear mit der Strahlendosis ansteigt. Also sollten wir logischerweise ionisierende Strahlung so weit wie möglich meiden. Außer wir haben uns den Fuß gebrochen. Dann überwiegt der Nutzen die Risiken: Ich nehme gerne etwas Strahlung in Kauf, um dank korrekter Diagnose und Behandlung danach wieder laufen zu können. Nur auf dem Sofa zu sitzen ist schließlich auch nicht gesund – und wird irgendwann extrem langweilig, wie ich in der Corona-Zeit gelernt habe.

Schon Wilhelm Conrad Röntgen, der 1895 eher per Zufall die später nach ihm benannte Strahlung entdeckte, war sich des medizinischen Potenzials seiner Entdeckung bewusst. Seine Veröffentlichung erhielt vor allem auch wegen eines spektakulären Bildes viel Aufmerksamkeit: eine Ablichtung der Hand seiner Frau, bei dem ein während der Aufnahme getragener Ring den Knochen des Ringfingers lose umspielt – weil ja nur der Knochen und der Ring im Bild herausstechen.

Das geschickte Marketing zahlte sich aus: Bereits einige Monate später wurde die Technik an den ersten medizinischen Instituten angewandt. Im Laufe der Zeit wurde das Verfahren immer weiter optimiert, vor allem, was die Bildqualität und Strahlungsbelastung angeht – und wird bis heute verwendet. Es beruht darauf, dass die Absorption von Röntgenstrahlung stark von der Dichte des durchdrungenen Materials abhängt. Die Patientin wird wie eine Sandwichfüllung zwischen die Strahlungsquelle und den Detektor platziert und durchleuchtet.

Dabei sind aber weiche Gewebe wie Fett und Muskeln zum Großteil durchsichtig für diese sehr kurzen Wellenlängen – sie dringen nahezu ungehindert hindurch. Die dichteren Knochen hingegen blockieren die Strahlung: An diesen Stellen dringt sie kaum noch an den Detektor. Wie bei einem dieser Schattenspiele, die ich als Kind so geliebt habe. Da sieht man, je nachdem, wie man die Hände hält, einen Hasen oder ein Krokodil als projizierten Schatten auf der Wand. Beim Röntgen sind es eben die Knochen, die einen Halloween-tauglichen Schatten produzieren. Das Problem dabei: Die gefährliche ionisierende Strahlung wird vom Körper absorbiert – und kann dort Schaden anrichten.

Die Ärztin hat also guten Grund, fluchtartig den Raum zu verlassen. Aber wie sieht es bei mir, der Patientin, aus? Tatsächlich starben in der frühen Erprobungsphase der Röntgengeräte reihenweise Testpersonen an Krebs. Klingt nicht gerade beruhigend.

Aber: Auf die Dosis kommt's an! Bei modernen Röntgengeräten liegt die Strahlungsbelastung einer einzelnen Aufnahme inzwischen bei ungefähr 0,1–0,5 Millisievert[40]. Bei einem CT-Scan, einer Computertomografie also, bei der eine Vielzahl von Röntgenbildern aus unterschiedlichen Blickwinkeln gemacht wird, bewegen wir uns allerdings schon im Bereich von mehreren Millisievert. Zum Vergleich: Laut Bundesamt für Strahlenschutz liegt die durchschnittliche Strahlungsgrundbelastung in Deutschland bei 2,1 Millisievert pro Jahr[41]. Und nein, das hat rein gar nichts mit den neuen Mobilfunknetzen und den damit verbundenen Mikrowellen zu tun – es sind nicht unsere Handys, sondern unsere Nahrung, unsere Umgebung und sogar unsere Wohnungen, die uns verstrahlen!

Gut die Hälfte der natürlichen Strahlungsbelastung entfällt nämlich auf das Einatmen von Radon, einem Edelgas, das beim radioaktiven Zerfall von Uran entsteht. Und Uran findet man leider nicht nur in Kernkraftwerken, sondern auch im Erdboden. Gerade in geschlossenen Räumen kann sich das Radon anreichern, vor allem, wenn man nicht genug lüftet. Womit wir wieder beim Thema „Auf dem Sofa sitzen ist ungesund" wären.

Leider ist mein anderes großes Corona-Hobby Essen auch ungesund – und das nicht nur wegen der Extra-Kilos auf der Waage. Denn auch mit der Nahrung werden natürliche Radionuklide aufgenommen, vor allem bei Milchprodukten und über das Trinkwasser. Ich erinnere mich noch lebhaft daran, dass ich als Sechsjährige nach dem Tschernobyl-Unglück monatelang keine Milch trinken sollte. Und nicht im sauren Regen spielen durfte. Klar, das waren besondere Umstände – und rückblickend betrachtet war die Gefahr zumindest in Deutschland vielleicht gar nicht so hoch wie zunächst befürchtet. Aber auch in normalen Zeiten nehmen wir pro Jahr durchschnittlich 0,3 Millisievert[42] Strahlungsbelastung allein über die Nahrung auf – das ist eine ähnlich hohe Belastung wie bei einer (einzelnen) Röntgenaufnahme.

Kosmisch verstrahlt

Zusätzlich zur indirekten Strahlenbelastung durch das Atmen und Essen werden wir auch noch direkt verstrahlt – von der radioaktiven Strahlung der Erde selbst sowie von der kosmischen Strahlung, die zu uns gelangt. Zwar sind wir durch das Magnetfeld und die Atmosphäre unseres Planeten zum Großteil davor geschützt, aber eben nicht ganz: Gerade auf hohen Bergen oder im Flugzeug bekommen wir auch mal eine Dosis kosmischer Strahlung ab. Ein Langstreckenflug belastet das persönliche Strahlenkonto dabei mit bis zu etwa 0,1 Millisievert[43] und ist damit für Gelegenheitsflieger nicht weiter bedenklich, für Pilotinnen und Flugbegleiter langfristig eventuell schon.

Noch viel härter trifft es natürlich Astronautinnen: Bei einem sechsmonatigen Aufenthalt auf der Internationalen Raumstation ISS werden sie laut NASA einer Strahlendosis von bis zu 160 Millisievert[44] ausgesetzt – das ist das Achtfache der maximal zugelassenen jährlichen Dosis für beruflich strahlungsexponierte Personen in Deutschland! Eine Marsmission wäre nochmals deutlich gefährlicher: Ohne Gegenmaßnahmen würden die Astronauten bei der etwa dreijährigen Mission 1200 Millisievert abbekommen, so viel wie in 60 Jahren Arbeit am Kernreaktor in Deutschland. Denn während der langen Reise werden sie – anders als die ISS-Astronautinnen im niedrigen Erdorbit – gar nicht mehr durch das Magnetfeld der Erde geschützt. Vielleicht sollte ich also doch lieber auf dem Sofa sitzen bleiben ...

Aber was genau ist eigentlich diese ominöse ionisierende Strahlung – und woher kommt sie? Zur ionisierenden Strahlung aus dem Weltall zählt sowohl Teilchenstrahlung als auch elektromagnetische Röntgen- und Gammastrahlung. Diese hochenergetische kosmische Strahlung ist nicht zu verwechseln mit der kosmischen Mikrowellenhintergrundstrahlung aus den Anfangszeiten unseres Universums (siehe Kapitel *Orange)* – die hat im

Vergleich eine solch niedrige Energie, dass sie keinem was zuleide tut.

Wenn wir im Deutschen von kosmischer Strahlung sprechen, sind damit meist die englischen *Cosmic Rays* gemeint: Teilchenströme bestehend aus hochenergetischen Protonen, Elektronen und ionisierten Atomen. Diese gelangen sowohl als Sonnenwind von der Sonne als auch aus den Tiefen unserer Milchstraße und sogar von anderen Galaxien zu uns.

Woher genau, ist nicht abschließend geklärt – man geht aber davon aus, dass sie ihren Ursprung in hochenergetischen Prozessen wie Supernova-Explosionen und den Jets von schwarzen Löchern, Pulsaren und aktiven Galaxienkernen haben. Messen kann man sie direkt von Satelliten und der ISS aus oder indirekt durch ihre Wechselwirkung mit der Erdatmosphäre: Wenn eines dieser kosmischen Strahlenteilchen auf ein Atom in der Luft trifft, entstehen weitere Teilchen, die dann auf andere Atome treffen, wobei wieder weitere Teilchen entstehen und so weiter. Aus dem einen zugegebenermaßen hochmotivierten Teilchen ist eine riesige Luftschauerlawine aus Elektronen, Positronen und Photonen geworden.

Letztere haben mich bei meinen ersten Beobachtungs-Missionen als Studentin genervt: „cosmic ray zapping" war eine meiner Routine-Tätigkeiten während der langen Beobachtungsnächte für meine Doktorarbeit. Und nein, die Rede ist hier nicht von einem spannenden intergalaktischen Computerspiel, es ging vielmehr darum, Hunderte Aufnahmen meiner pulsierenden blauen Unterzwergsterne zu inspizieren und eventuelle helle Streifen eintreffender kosmischer Strahlung per Hand zu entfernen.

Was soll ich sagen: Ich war jung, hochmotiviert und beeinflussbar – und meine Mentorin die wohl sorgfältigste Astronomin auf diesem Planeten. Die Genauigkeit ihrer Beobachtungen ist in Fachkreisen legendär, ihr Hang, es damit manchmal zu übertreiben, allerdings auch. Inzwischen arbeite ich eher nach der 80/20-Regel:

MIt 20 % des Aufwands lassen sich locker 80 % der Informationen aus den Daten herauskitzeln, wenn nicht sogar 90 %. Und die so gewonnene Zeit kann ich dann nutzen, die Informationen zu interpretieren. Oder intergalaktische Computerspiele zu spielen.

Hochenergetische Prozesse im Universum geben aber nicht nur Teilchenstrahlung ab, sondern auch kurzwellige elektromagnetische Strahlung. Röntgendoppelsterne zum Beispiel heißen so, weil sie – du ahnst es – ihre Umgebung mit einer geballten Ladung Röntgenstrahlen beglücken. Dabei kommt die Röntgenstrahlung nicht von den Sternen selbst, sondern durch die Akkretionsprozesse, die zwischen ihnen ablaufen, zustande. Einer der beiden Sterne ist sehr viel kompakter als der andere und akkretiert so nach und nach Materie seines Begleitsterns – wie ein muskulöser Weltraum-Vampir, der seinen im Vergleich fettleibigen, aufgedunsenen Nachbarn langsam aussaugt.

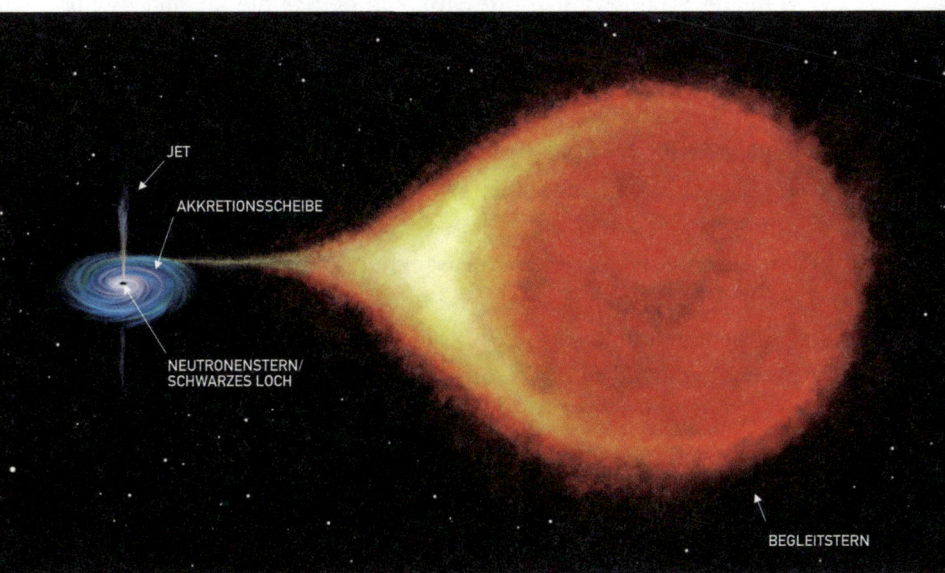

Künstlerische Darstellung eines Röntgendoppelsterns.

Leider hat der keine Chance, dem Gravitationsbann seines Pei-
nigers zu entkommen. Dieser ist nämlich nicht etwa ein normaler Stern, sondern ein Neutronenstern oder sogar ein schwarzes
Loch. Eine Sternleiche also, die zum alles verzehrenden Zombie
mutiert und dabei die Umgebung verstrahlt. Weltraum-Horror
vom Feinsten!

Bevor du heute Nacht noch Albträume bekommst, kehren wir
schnell zurück zur Physik und den Röntgenstrahlen. Die entstehen, weil das Hüllenmaterial des Begleitsterns durch das
enorme Gravitationsfeld des kompakten Masseempfängers sehr
stark beschleunigt wird und sich beim heftigen Aufprall auf dessen Oberfläche (beziehungsweise der umliegenden Akkretionsscheibe bei schwarzen Löchern) extrem aufheizt. Temperaturen
von 10–100 Millionen Grad sind dabei keine Seltenheit!

Klar, dass bei diesen extremen Temperaturen auch hochenergetische Strahlung erzeugt wird – je heißer die Quelle, desto
mehr Energie wird schließlich frei und desto höher auch die Frequenz der Lichtwellen beziehungsweise die Energie der Photonen. Je nachdem, wie stabil der Massetransfer ist, kann man
ein Flackern oder auch mehr oder weniger starke Ausbrüche der
Röntgenstrahlung beobachten. Manche der Systeme können
während eines Ausbruchs über zehntausendmal so stark leuchten wie im Ruhezustand oder sogar nur dann überhaupt im Röntgenbereich messbar sein – die Rede ist dann von *Transienten*,
Röntgenquellen, die nur zeitweise aktiv sind. In der Beziehungs-
psychologie würde man wohl von einer volatilen Partnerschaft
sprechen. Wie volatil sie genau ist, hängt wie auch bei uns Menschen von der Konstitution der Beteiligten ab.

Röntgendoppelsterne gibt es in allen möglichen Konstellatio-
nen und Varianten. Der Begleitstern kann dabei so ziemlich alles
sein, was es an Sternen gibt: von einem Überriesen bis hin zu einem braunen oder auch weißen Zwerg. Der Primärstern hingegen

ist immer extrem kompakt und hat eine entsprechend starke Anziehungskraft – sonst würde er seinem Begleiter ja keine Materie entreißen und diese auch noch so stark beschleunigen können. Dabei ist die Anziehungskraft nicht nur abhängig von der Masse des kompakten Sterns selbst, sondern vor allem von der Distanz des angezogenen Materials zum Masseschwerpunkt: Je näher es ihm kommt, desto stärker die Anziehung. Wie beim Strudel, der sich beim Herauslassen des Wassers aus der Badewanne bildet: Erst kreist das Wasser langsam um den Abfluss herum, wird dann aber immer schneller, je weiter es sich dem Loch nähert.

So in etwa kann man sich auch das Verhalten von Materie in der Nähe eines Neutronensterns oder eines (stellaren) schwarzen Lochs vorstellen. Diese Sternüberreste sind mit wenigen Sonnenmassen für astronomische Verhältnisse gar nicht mal so massereich – was sie dermaßen anziehend macht, ist vor allem, dass ihre Masse so stark komprimiert ist und sie damit eine so hohe Dichte haben, dass man von außen relativ nah an den Masseschwerpunkt herankommt, ohne von einer störenden Oberfläche aufgehalten zu werden. Und dann gibt es kein Entkommen mehr.

Total dicht: Neutronensterne und schwarze Löcher

Wie aber entsteht ein dermaßen dichtes, kompaktes Objekt? Ich rede hier nicht von einem von uns Menschen als schwer empfundenen Material wie zum Beispiel Eisen. Nehmen wir einen normalen Spielwürfel. Bestünde der aus Eisen, wäre er ganz klar schwerer als ein gleich großer Würfel aus Holz, da sind wir uns sicher alle einig.

Aber das ist nichts gegen einen (hypothetischen) Spielwürfel aus Neutronenstern: Der wäre hundertbillionenmal so schwer wie der Eisenwürfel. Und würde auf der Erde so viel wiegen wie 100 ägyptische Pyramiden (die großen)! Da wird das Kniffelspiel schon mal zum Extrem-Gewichtstraining. Normale Materie kann gar nicht so schwer sein, das ist rein physikalisch nicht möglich. Denn selbst bei großem Druck können die Atome irgendwann nicht mehr näher aneinanderrücken. Wie beim Handgepäckskoffer – da kann ich mich mit meinem ganzen Gewicht drauflegen und er geht trotzdem nicht zu, weil sich meine in einem Anflug von Optimismus gepackten Kleider einfach nicht weiter zusammenquetschen lassen wollen. Bei den Atomen ist das ähnlich. Und das, obwohl sie zum Großteil aus leerem Raum bestehen: In der Mitte ist der aus Protonen und Neutronen bestehende Atomkern, darum herum kreisen die Elektronen auf ihren Bahnen – allerdings im Vergleich zur Größe des Atomkerns sehr, sehr weit weg. Das Wasserstoffatom zum Beispiel ist circa hunderttausendmal so groß wie sein Kern, der ja nur aus einem einzigen Proton besteht. Und das Atom hat diese Größe nur, weil dort draußen ein einziges winziges Elektron rumkreist!

Diese Größenverhältnisse erinnern ein bisschen an unser Sonnensystem, das ja auch zum Großteil aus leerem Raum besteht. Ich muss sagen, das ist etwas, was ich an der Natur mag: Die meisten physikalischen Vorkommnisse findet man in den unterschiedlichsten Größenordnungen. Wie auch Akkretionsscheiben, die wir ja erst in aktiven Galaxienkernen kennengelernt haben und hier in viel kleinerer Ausführung in Röntgendoppelsternen wiederentdecken.

Was den Atomen verbietet, sich trotz des vielen leeren Raumes zwischen dem Kern und den Elektronen weiter zusammenzuquetschen, ist das *Pauli-Prinzip*. Und nein, das hat rein gar nichts mit dem Hamburger Kultfußballclub zu tun, sondern mit dem Physiker Wolfgang Pauli. Der fand 1925 heraus, dass innerhalb eines Atoms keine identischen Elektronen existieren können, bei denen alle vier Quantenzahlen gleich sind.

Erinnerst du dich noch an den kleinen Exkurs in die Welt der Atome im Kapitel *Rot*? Da hatten wir ja gesagt, dass die Elektronen auf unterschiedlichen Energieniveaus um den Atomkern kreisen und innerhalb eines Energieniveaus einen Spin-Flip vollziehen können. Innerhalb eines Energieniveaus sind aber alle Quantenzahlen gleich bis auf den Spin, also die Rotation, die in beide Richtungen wirken kann. Das bedeutet nun laut *Pauli-Prinzip*, dass maximal zwei Elektronen auf dem Grund-Energieniveau existieren können – alle weiteren Elektronen müssen auf höhere Energielevels und damit weiter und weiter weg vom Atomkern.

Wie Brückenpfeiler verleihen diese von Elektronen besetzten Energielevels dem Atom dann Stabilität und erzeugen Widerstand gegen das In-sich-Zusammenfallen. Zumindest ist das bei normaler Materie so. Neutronensterne dagegen bestehen aus „entarteter" Materie. Die wurde so extrem stark komprimiert, dass die Atome regelrecht zerquetscht wurden und die negativ geladenen Elektronen sich infolgedessen mit den positiv geladenen Protonen im Atomkern zu Neutronen verbunden haben. Zusammen mit den sowieso schon vorhandenen Neutronen im Atomkern ergibt das dann einen schön kompakten Neutronenklotz, der sehr viel dichter ist, als es normale Materie aus heil gebliebenen Atomen jemals sein könnte. Nur deswegen wiegen 100 Pyramiden so viel wie ein Neutronensternwürfel.

Materie so zu quetschen, dass sie entartet, ist auf der Erde selbst unter größten Anstrengungen nicht möglich. Und auch im Weltall passiert das nur, wenn eine ausreichend große Ansammlung von Materie unter ihrer eigenen Schwerkraft zusammenfällt – wie am Ende des Lebens eines massereichen Sterns. Wenn der nukleare Treibstoff im Inneren des Sterns aufgebraucht ist, fällt auch der Strahlungsdruck, der diese Riesenmasse die ganze Zeit über vor dem Kollaps bewahrt hat, weg.

Die Elektronen-Energieniveau-Brückenpfeiler müssen nun die ganze Masse alleine halten – und das geht nur bis zu einem bestimmten Limit. Wie bei einer Brücke, die vielleicht einen Autokorso noch gut aushält, mit einem viel schwereren Panzerkorso aber überfordert wäre. Bei Sternen mit mehr als etwa 8–10 Sonnenmassen ist die Last einfach zu groß, sodass der Kern des Sterns in sich kollabiert und die Atome zerquetscht werden. Der Zusammenfall wird aber abrupt gestoppt, weil dabei dicht gepackte Neutronen entstehen – wie ein extrem starkes Sicherheitsnetz, das die Brückenüberbleibsel gerade noch davor bewahrt, in den reißenden Fluss darunter zu stürzen.

Dabei erhitzt sich das Innere des Sterns auf über 5 Milliarden Grad und entlädt eine Flut von Kleinstteilchen (sogenannte Neutrinos), die auf die ebenfalls kollabierenden äußeren Schichten des Sterns prallen und das Ganze explodieren lassen: als Supernova! Die äußeren Hüllen des Sterns werden nach außen ins Weltall geschleudert und vom Stern selbst bleibt nur der dicht gepackte Neutronenkern übrig.

Der frisch geschlüpfte Neutronenstern ist anfangs extrem heiß, kühlt aber mit der Zeit ab. Im Inneren herrschen dabei Zustände ähnlich denen kurz nach dem Urknall! Da alle Sterne einen Drehimpuls besitzen und der jetzt im viel kleineren Neutronenkern konzentriert ist, beobachten wir wieder den Eisläuferpirouetteneffekt, den wir schon bei der Sternentstehung gesehen haben: Je stärker sich etwas zusammenzieht, desto schneller dreht es sich. Neutronensterne haben einen Radius von etwa 10 Kilometern, im Vergleich ist ein Stern von 10 Sonnenmassen auf der Hauptreihe mehrere hunderttausendmal so groß. Nicht verwunderlich also, dass Neutronensterne sehr schnell rotieren.

Den Rekord hält zurzeit der Pulsar mit dem wohlklingenden Namen *PSR J1748-244ad*[45]: Der dreht sich 716-mal pro Sekunde (!) um seine eigene Achse. Normalerweise werden Pulsare aufgrund der magnetisch induzierten Radioimpulse, die sie bei der Drehung aussenden, entdeckt, wie wir im Kapitel *Rot* gesehen haben. Aber was passiert, wenn der Neutronenstern eines Röntgendoppelsternsystems ein starkes Magnetfeld hat, wir es also mit einem Pulsar zu tun haben, der die Materie seines Begleiters akkretiert?

Ganz einfach: Röntgendoppelstern + Pulsar = Röntgenpulsar. Dabei fällt das angezogene Material des Begleitsterns nicht einfach irgendwie auf den Neutronenstern, sondern trifft vor allem an den magnetischen Polen auf und erzeugt dort extraheiße Flecken. Die rotieren natürlich mit dem Stern und strahlen uns wie ein Röntgenleuchtturm auf Speed alle paar Millisekunden an. Zum Glück wurde der erste Röntgenpulsar erst 1971, also ein paar Jahre nach dem ersten Radiopulsar von Bell & Hewish, entdeckt. Sonst hätten wir womöglich gedacht, die kleinen grünen Männchen wollten uns verstrahlen.

Röntgendoppelsterne können nicht nur Neutronensterne beherbergen, sondern auch schwarze Löcher. Die entstehen auf eine ähnliche Art und Weise wie Neutronensterne, mit dem Unterschied, dass die ursprüngliche Masse des sterbenden Sterns größer ist – mehr als ungefähr 25 Sonnenmassen. In dem Fall sind auch die zusammengepressten Neutronen nicht stark genug, um den gravitationellen Kollaps aufzuhalten: In der Brückenanalogie würde nun das Sicherheitsnetz reißen und die Brücke mitsamt aller Fahrzeuge in die Tiefe stürzen lassen. Bis ... ja, bis wohin eigentlich?

Da hilft jetzt keine Anschauung mehr, sondern nur noch Einstein: Mathematisch betrachtet ist ein schwarzes Loch eine Singularität, bei der die Krümmung der Raumzeit gegen unendlich geht. Praktisch betrachtet ist ein schwarzes Loch ein extrem dichtes schwarzes Etwas, das nichts entkommen lässt, was ihm zu nahe kommt. Noch nicht mal Licht – deswegen ist es ja schwarz. Die Fluchtgeschwindigkeit, die nötig wäre, um von innerhalb des sogenannten Ereignishorizontes wieder zu entkommen, ist nämlich größer als die Lichtgeschwindigkeit. Und das, sagt Onkel Albert, gibt es nicht: Nichts ist schneller als das Licht. Auch wenn es bestimmt einen Chuck-Norris-Witz gibt, der das infrage stellt.

Schwarze Löcher wurden bereits 1916 basierend auf Einsteins Allgemeiner Relativitätstheorie theoretisch prognostiziert, allerdings hielt Einstein selbst ihre Existenz für komplett abwegig. Das versuche ich mir immer vor Augen zu halten, wenn ich in meiner wissenschaftlichen Arbeit mit scheinbar phantastischen Theorien konfrontiert werde und sie, ohne groß nachdenken zu wollen, als Blödsinn abhaken möchte.

Denn ein Jahrhundert später haben wir nicht nur einen, sondern drei unabhängige Beweise für die Existenz dieser „abwegigen" Objekte: erst mal die Bewegung der Sterne im Zentrum unserer Milchstraße um das riesige schwarze Loch dort herum, die mir Reinhard Genzel damals im VLT-Kontrollraum gezeigt hatte. Dann im Jahr 2015 die sensationellen Messungen von Gravitationswellen, die beim Verschmelzen zweier schwarzer Löcher entstehen, durch die LIGO/VIRGO-Kollaboration[46]. Und als krönenden Abschluss natürlich die EHT-Bilder der schwarzen Löcher im Zentrum der Galaxie M87 sowie unserer Milchstraße, über die wir im Kapitel *Orange* gesprochen haben. Es gibt keinen Zweifel mehr daran: So unbegreiflich sie sind, schwarze Löcher gibt es wirklich. Meine Lektion daraus: Im Universum gibt es nichts, was es nicht gibt. Außer flachen Planeten in Form einer Scheibe. Denn die machen physikalisch nun wirklich keinen Sinn.

Schwarze Löcher sind nicht nur für unser menschliches Gehirn unvorstellbar, sondern können zumindest in der näheren Umgebung der Singularität auch mit der modernen Physik nicht genau beschrieben werden. Kein Mensch weiß, wie es in einem schwarzen Loch aussieht oder ob man eventuell sogar am anderen Ende durch ein Wurmloch wieder rauskommt. Dafür sind schwarze Löcher von außen betrachtet alle erstaunlich ähnlich und können anhand von nur drei Eigenschaften vollständig charakterisiert werden: der Masse, der elektrischen Ladung und des Drehimpulses. Im Fachjargon heißt das *Keine-Haare-Theorem* oder – noch schöner – *Glatzensatz*. Und ja, das ist mein voller Ernst. Geprägt wurde der Begriff vom theoretischen US-Physiker John Archibald Wheeler, der meinen Recherchen zufolge bis ins hohe Alter Haare hatte, aber zunehmend mit Geheimratsecken kämpfte. Er soll gesagt haben: „Schwarze Löcher haben keine Haare." Wie er ausgerechnet auf Haare gekommen ist, kann ich nicht nachvollziehen – schwarze Löcher haben schließlich auch keine Füße, Brillen oder Nasen. Aber gut, jedem seine persönliche Obsession. Was damit gemeint war: Schwarze Löcher sind im Vergleich zu den Sternen, aus denen sie ursprünglich mal entstanden sind, mit ihren drei Eigenschaften sehr einfach gestrickt. Und sie schlucken Informationen unwiderruflich: Ob gerade ein 100 Kilogramm Stück Käse oder 100 Kilogramm Astronaut von einem schwarzen Loch geschluckt wurde, kann man im Nachhinein nicht mehr feststellen. Daran würde sich selbst Sherlock Holmes die Zähne ausbeißen.

Kein Wunder vielleicht, dass schwarze Löcher einen eher fragwürdigen Ruf genießen. Wenn ich erzähle, dass ich ins Weltall will, werde ich immer wieder gefragt, ob ich denn keine Angst vor schwarzen Löchern habe – und das nicht nur von Kindern. Die Frage finde ich noch lustiger als die nach der Angst vor Aliens. Denn wenn es in unserer Nähe – sagen wir in unserem Sonnensystem – ein schwarzes Loch gäbe, dann wüssten wir definitiv davon[47]. Je nachdem, wie massereich es wäre, würden wir mitsamt der Sonne darum herumkreisen, zumindest aber würde es die Bahnen der Planeten messbar beeinflussen. Und selbst wenn die Sonne ein schwarzes Loch wäre, würde die Erde nicht wie von einem Staubsauger eingesaugt, da müssten wir sehr viel näher ran.

197

Außerhalb des Ereignishorizontes – bei einem schwarzen Loch mit der Masse der Sonne hätte der einen Durchmesser von nur etwa sechs Kilometern! – ist es nämlich für die Umlaufbahn eines Planeten egal, ob da ein Stern ist oder ein schwarzes Loch. Da wäre unser Problem eher das fehlende Sonnenlicht mit der einhergehenden Mega-Eiszeit. Und zu guter Letzt: Ein schwarzes Loch taucht nicht einfach so aus dem Nichts auf, genauso wenig wie ein Riesenstern. Und wenn doch, dann würde ich mir eher Sorgen wegen der vorherigen Supernova-Explosion machen.

Wir alle sind aus Sternenstaub

Supernovae gehören zu den hellsten Ereignissen im Universum. Wenn ein Stern am Ende seines Lebens explodiert, überstrahlt er mitunter die gesamte Galaxie, die ihn umgibt, und erreicht eine so hohe Leuchtkraft, dass eigens dafür eine eigene physikalische Einheit eingeführt wurde: das *Foe*. Ein Foe entspricht 10^{44} Joule oder in etwa der Energie, die die Sonne bei ihrer jetzigen Leuchtkraft in 10 Milliarden Jahren freisetzen würde. Eine Supernova tut das innerhalb weniger Sekunden!

Die Verwandlung von Riesenstern zu Supernova kommt für uns Beobachter sehr plötzlich und unerwartet – der Kollaps fängt zuerst tief im Inneren des Sterns an, bevor er schlagartig nach außen hin sichtbar explodiert. Das ist äußerst unpraktisch, da wir natürlich gerne auch die Supernova selbst beobachten wollen und nicht nur ihr Nachglühen. Wenn eine Supernova entdeckt wird, passiert das meist erst Tage, Wochen oder auch Monate oder Jahre nach der Explosion. Relativ frühe Entdeckungen werden oft durch automatisch gesteuerte kleine Teleskope gemacht, die immer wieder den gesamten Nachthimmel absuchen und nach Transienten, also „neuen" hellen Objekten suchen. Dann heißt es für die konkurrierenden Forschungsteams: Jetzt aber flott!

Ich habe eine Freundin, die immer einen Beeper (oder später das Smartphone) an ihrer Seite hatte, um im Falle eines Supernova-Alarms so schnell wie möglich weiterführende Beobachtungen einzuleiten. Auch mitten in der Nacht oder beim Kochen – was zu einigen verbrannten Mahlzeiten und verschlafenen Terminen geführt hat. Ich weiß schon, warum ich mir ein anderes Fachgebiet ausgesucht habe! An vielen großen Observatorien gibt es für unvorhersehbare Ereignisse spezielle Prozeduren, dank derer man innerhalb von wenigen Stunden die Teleskope auf die brandneue Supernova richten und Daten sammeln kann. Und das ist wichtig, denn im Vergleich zu den meisten astronomischen Beobachtungen überschlagen sich hier die Ereignisse regelrecht: Je früher man die Supernova erwischt, desto mehr kann man über den sterbenden Stern sowie die physikalischen Prozesse der Explosion erfahren.

Um eine kurz bevorstehende Supernova noch vor der eigentlichen Explosion zu erkennen, braucht es viel Glück – und idealerweise ein Röntgenteleskop. 2008 wurde mit dem *Swift* Weltraumteleskop der NASA erstmals die Röntgenstrahlung einer Supernova entdeckt, bevor sie kurz danach sichtbar explodierte. Eigentlich beobachteten die Forschenden das Nachglühen einer anderen Supernova in der Galaxie NGC 2770, als sie gleich daneben einen sehr hellen, über 5 Minuten anhaltenden Röntgenblitz bemerkten[48]. Dieser kam, wie sich herausstellte, aus derselben Galaxie, und zwar von der Schockfront im Inneren eines zufälligerweise gerade zu dem Zeitpunkt in sich kollabierenden Sterns. In dieser Schockfront wird durch die hohen Temperaturen starke Röntgenstrahlung erzeugt, die dem Stern entweicht, kurz bevor er explodiert – im Falle der Supernova 2008D ungefähr anderthalb Stunden, bevor sie auch im sichtbaren und UV-Wellenlängenbereich zu erkennen war.

Dank der frühen Warnung waren innerhalb kurzer Zeit die

größten Teleskope der Welt (und des Weltalls) am Start, um die Supernova in allen möglichen Wellenlängenbereichen, von Röntgen bis Radio, quasi in Echtzeit zu untersuchen. Wie bei so vielen Entdeckungen in der Astronomie war das Universum den Forschenden an dem Tag wohlgesonnen – manchmal braucht es neben einer schnellen, folgerichtigen Reaktion eben auch das nötige Quäntchen Glück.

Supernovae sind nicht nur während der Explosion selbst spannend zu beobachten, sondern auch noch Jahre später. Auch hier werden Beobachtungen unterschiedlichster Wellenlängen kombiniert, um ein vollständiges Bild der Lage zu bekommen. Die wohl bekannteste Supernova ist SN1987A. Supernovae werden nach dem Jahr benannt, in dem sie auftreten – ähnlich wie Coronaviren, wie wir leider inzwischen alle wissen.

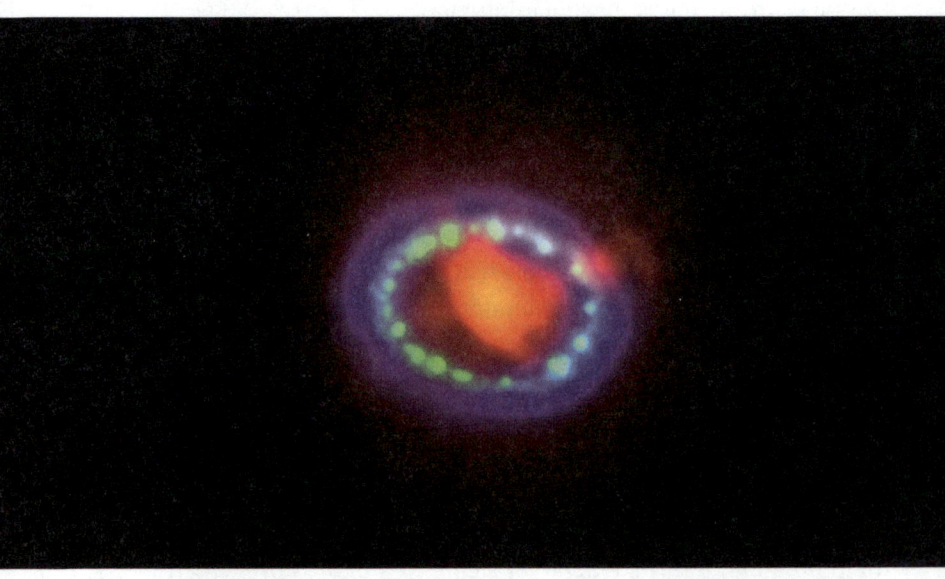

Kombiniertes Bild des Überrestes der Supernova 1987A im Millimeter (orange, aufgenommen mit ALMA), optischen (grün, aufgenommen mit *Hubble*) und Röntgenbereich (blau, aufgenommen mit *Chandra*).

SN1987A war demnach die erste beobachtete Supernova des Jahres 1987 und ist damit einige Jahre jünger als ich – also steinalt, wie mein siebenjähriger Neffe sagen würde. Und trotzdem noch voll hip und im Trend. Die Supernova jedenfalls. Das Besondere an SN1987A: ihre relative Nähe zu uns. Obwohl mit modernen Teleskopen jedes Jahr mehrere neue Supernovae entdeckt werden, liegen die meisten in weit entfernten Galaxien. Die letzte live dokumentierte Supernova, die in unserer Milchstraße explodierte, war SN1604 – ich denke, du kannst dir leicht ausrechnen, dass es im 17. Jahrhundert noch keine hochauflösenden Weltraumteleskope und Digitalkameras gab. SN1987A explodierte zwar nicht in der Milchstraße, aber dafür in unserer Satellitengalaxie: der Großen Magellanschen Wolke, „nur" 168 000 Lichtjahre entfernt von uns. Für Supernova-Verhältnisse nichts und nah genug, dass sie locker mit bloßem Auge erkennbar war. Zumindest wenn man auf der Südhalbkugel wohnte.

Diese Zeiten sind natürlich schon lange vorbei. Nach einigen Monaten wurde das Nachglühen der gewaltigen Explosion schwächer, sodass es nur noch mit Teleskopen erkennbar war. Aber auch heutige Aufnahmen der Supernova-Überreste sind spektakulär. Je nachdem, bei welchen Wellenlängen man schaut, erkennt man unterschiedliche Komponenten des bei der Explosion herausgeschleuderten Materials oder auch die dabei entstehenden Schockwellen.

Wonach hingegen über 30 Jahre lang erfolglos gesucht wurde, war der Neutronenstern, der Berechnungen zufolge im Zentrum der Überreste zu finden sein musste. Erst 2019 wurden mit dem ALMA Teleskop Anzeichen für ein heißes Objekt tief inmitten der dichten Staubwolke gefunden[49]. Und 2021 dann erhärtete sich die Beweislage: Mithilfe des *Chandra*-Weltraumteleskops wurde dort auch Röntgenstrahlung gemessen, die von der Interaktion eines blutjungen Pulsars mit dem umliegenden Staub auszugehen scheint[50]. Wie es aussieht, haben wir endlich unseren Neutronenstern gefunden und können ihn nun quasi von Geburt an begleiten. Irgendwie cool, wenn man bedenkt, dass er Hunderte von Milliarden Jahre alt werden könnte – falls das Universum bis dahin überhaupt noch existiert.

Aber auch jahrhundertealte Supernova-Überreste haben ihren Reiz, sowohl fürs Auge als auch aus wissenschaftlicher Sicht. Die komplexen Strukturen und Schockwellen, die mit modernen (Röntgen-)Teleskopen bei Supernova-Überresten in unserer Galaxie zu erkennen sind, sehen einfach wunderschön aus, wenn sie richtig in Szene gesetzt werden. Und es gibt für uns alle einen wichtigen Grund, uns für Supernova-Überreste zu interessieren: Sie sind gewissermaßen unsere kosmischen Vorfahren.

Kombiniertes Bild des Krebsnebel-Supernovaüberrestes im Infrarot (pink, aufgenommen mit dem *Spitzer*-Weltraumteleskop), sichtbaren (violett, aufgenommen mit *Hubble*) und Röntgenbereich (weiß/blau, aufgenommen mit *Chandra*).

Du hast bestimmt schon mal das Lied „Wir alle sind aus Sternenstaub" gehört, oder? Natürlich muss man ein wenig in der Zeit zurückreisen, um die Verbindung zu finden. Aber es gibt sie definitiv. Denn im Inneren von Sternen ist die Temperatur hoch genug, um den vielen Wasserstoff aus den Anfangszeiten des Universums nach und nach in schwerere Elemente umzuwandeln. Gegen Ende seines Lebens besteht ein massereicher Stern aus einem Eisenkern sowie Schichten aus unterschiedlichen Elementen wie Schwefel, Kohlenstoff und Sauerstoff.

Bei einer Supernova-Explosion werden dank der sehr hohen Temperaturen noch dazu schwerere Elemente wie Gold oder Uranium erzeugt und zusammen mit dem Stern-Material hinaus in den Weltraum geschleudert. Daraus werden dann im Laufe der Zeit neue Sterne und Planeten gebildet – und alles, was möglicherweise auf diesen Planeten kreucht und fleucht. Auch Kakerlaken sind aus Sternenstaub. Mit diesem Wissen klingt „Du bist vom selben Stern wie ich" gleich viel prosaischer.

Fang das Photon!

Im Gegensatz zum Mensch-gewordenen Sternenstaub sind Kakerlaken ziemlich strahlungsresistent. Ob sie eine Supernova-Explosion überleben würden, ist trotzdem fraglich, allerdings halten sie ohne Weiteres die zehnfache Dosis dessen aus, woran ein Mensch innerhalb weniger Wochen sterben würde. Zum Glück für uns sind wir ja auf der Erde durch deren Atmosphäre und Magnetfeld gut geschützt vor kosmischer Strahlung. Das heißt natürlich im Umkehrschluss auch, dass wir von hier aus die Röntgen- und Gammastrahlung hochenergetischer Prozesse im Universum nicht direkt beobachten können. Aber lieber so als andersrum.

Außerdem gibt es heutzutage ja Weltraumteleskope, die ungehindert in Richtung interessanter Supernovae, Röntgendoppelsterne und Co. schauen und deren Röntgenstrahlung messen können. Zum Beispiel das kosmische Duo *Chandra* & *XMM-Newton*. Hört sich an wie eine Hip-Hop-Band auf Nummer-1-Kurs, bezieht sich aber auf zwei Weltraumteleskope, die zusammen für die Röntgenastronomie das sind, was das *Hubble* Weltraumteleskop für die optische/UV-Astronomie ist.

Sowohl das *Chandra*-Teleskop der NASA als auch der *XMM-Newton*-Satellit der ESA sind seit 1999 auf ihren hochelliptischen Umlaufbahnen im Einsatz. Dabei entfernen sie sich regelmäßig über 100 000 Kilometer von der Erde, nur um sich danach wieder bis auf ungefähr 10 000 Kilometer zu nähern. Das tun sie nicht etwa, weil sie zu viel getrunken haben und Schlangenlinien fliegen, sondern um möglichst viel Zeit außerhalb des Strahlungsgürtels der Erde zu verbringen und dort ungestört beobachten zu können. Denn bei einem dermaßen elliptischen Orbit bewegt sich der Satellit langsamer, je weiter weg er von der Erde ist; die nicht nutzbare Zeit innerhalb des erdnahen Strahlungsgürtels wird dagegen minimiert.

Bei einer Umlaufzeit von 2–3 Tagen können so immerhin um die 40 Stunden pro Orbit für Beobachtungen genutzt werden. Womit wir bei der Crux der Röntgenstrahlung angekommen wären: Sie ist so hochenergetisch, dass sie nicht so ohne Weiteres reflektiert wird wie zum Beispiel das sichtbare Licht – das ist aber notwendig, wenn sie gebündelt zum Messinstrument geschickt und eingefangen werden soll.

Man kann das vergleichen mit einem Softball und einer Pistolenkugel, die beide gegen eine Wand gefeuert werden – die Analogie kennen wir schon aus dem Kapitel *Orange*. Der Softball (der hier ein Photon relativ niedrigenergetischer Strahlung repräsentiert) wird an der Wand abprallen und kann dann gefangen werden. Die Pistolenkugel (beziehungsweise das Röntgenphoton) hingegen bleibt stecken oder fliegt einfach hindurch – jedenfalls landet sie nicht dort, wo sie soll (im Fall des Photons auf dem Detektor, meist eine CCD-Kamera). Außer sie streift die Wand nur ganz leicht, trifft also in einem sehr flachen Winkel ein. In dem Fall prallt sie an der Oberfläche ab wie ein gekonnt übers Wasser geworfener Stein, der mehrmals hüpft, anstatt auf den Boden zu sinken.

Aus diesem Grund haben Röntgenteleskope eine ganz andere Form als die Teleskope, die wir bis jetzt kennengelernt haben und die bei längeren Wellenlängen zum Einsatz kommen. Anstatt der sonst üblichen Parabolspiegel benutzen sie eine Vielzahl dünner Spiegelsegmente, die in Form eines oder mehrerer offener Fässer angeordnet sind. So kann ein eintreffendes Röntgenphoton ganz behutsam durch mehrmaliges Streifen der Spiegel in Richtung der CCD-Kamera gelenkt werden.

Die funktioniert ganz ähnlich wie auch im Infraroten, sichtbaren oder UV-Wellenlängenbereich: Durch den photoelektrischen Effekt lösen die eintreffenden Photonen aus dem CCD-Sensor Elektronen, deren Ladung gemessen wird. Je mehr Photonen, desto mehr Elektronen werden gelöst und desto heller ist an der Stelle

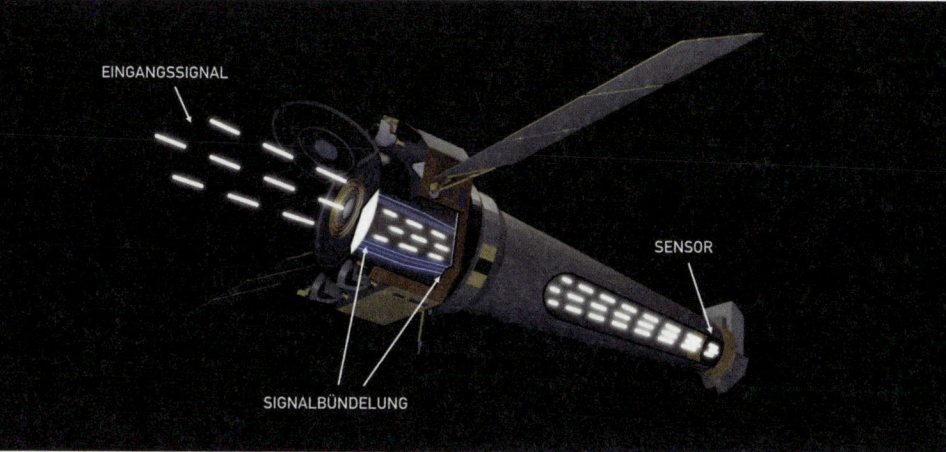

Schematische Darstellung des *Chandra*-Weltraumteleskops.

das Bild. Bei Photonen des sichtbaren Lichts wird pro Photon ein Elektron gelöst – bei Röntgenphotonen allerdings ist die Energie so hoch, dass gleich eine ganze Kaskade von Elektronen gelöst wird. Und das ist auch gut so – denn Röntgenphotonen sind selten. Während optische Kameras selbst bei kurzen Belichtungen mit Photonen regelrecht geflutet werden, bekommen Röntgenkameras meist[51] maximal ein Photon pro Pixel ab. Wir zählen hier tatsächlich einzelne Photonen – wie cool ist das denn bitte?!

Sowohl *Chandra* als auch *XMM-Newton* beobachten in einem sehr ähnlichen Wellenlängenbereich der weichen Röntgenstrahlung[52]. Trotzdem sind sie eher Partner als Konkurrenten, denn sie ergänzen sich perfekt. Wie *Aronal* und *Elmex*: eins für gesundes Zahnfleisch, das andere für kariesfreie Zähne.

Bei den Teleskopen hat *XMM-Newton* eine fast zehnmal größere effektive Sammelfläche als *Chandra* sowie ein größeres Sichtfeld. Somit kann es schneller mehr Photonen sammeln und auch schwache Röntgenquellen entdecken. *Chandra* punktet dafür bei der räumlichen Auflösung (oder Pixelgröße) und macht die detaillierteren Bilder. Zusammen haben sie in den letzten zwei Dekaden Daten geliefert, aus denen zum ersten Mal die Rotationsgeschwindigkeit von schwarzen Löchern berechnet, die chemische Zusammensetzung von Supernova-Überresten bestimmt und die bis dahin nur verschwommen erkennbare Röntgenhintergrundstrahlung des Kosmos einzelnen supermassiven schwarzen Löchern zugeordnet werden konnte.

Trotz ihres (für Weltraumteleskope) recht fortgeschrittenen Alters sind beide noch gut in Schuss und sollen erst mal auf unbestimmte Zeit weiterbetrieben werden. Ob sie allerdings durchhalten, bis ihre Nachfolgerin einsatzbereit ist, scheint fraglich: ATHENA, das *Advanced Telescope for High ENergy Astrophysics* der ESA, soll erst 2034 starten – wenn alles nach Plan läuft. Was es in der Raumfahrt ja bekanntlich nie tut. Dafür hat das neue Röntgenteleskop der Superlative mit der Göttin der Weisheit immerhin schon mal einen passenden Namen. Und wird *Chandra/ XMM-Newton* um mehr als eine Größenordnung übertreffen, was die Sensitivität und Schnelligkeit von Beobachtungen angeht. Damit den Röntgenastronominnen in der Zwischenzeit nicht das Futter ausgeht, soll XRISM (*X-Ray Imaging and Spectroscopy Mission* der japanischen Weltraumagentur JAXA mit europäischer und US-Beteiligung) ab 2023 im Weltraum die Stellung halten – als Ersatz für das 2016 gestartete *Hitomi*-Röntgenteleskop, das nach einer Fehlfunktion im Orbit auseinandergebrochen war.

Das ist das wirklich Blöde bei Weltraumprojekten: Man kann jahrelang sein ganzes Herzblut (und alle verfügbaren finanziellen Mittel) in ein Teleskop oder eine Raumsonde stecken, dann geht im Weltraum etwas schief – und alles war umsonst. Ich hatte während meiner Uni-Zeit in London einen Freund, der am Marslandemodul *Beagle* beteiligt war. Als nach der heiß ersehnten Landung auf dem roten Planeten die Funkverbindung zur Sonde nicht hergestellt werden konnte, ging für ihn und seine Kollegen erst mal die Welt unter. Es waren mehrere Pub-Besuche nötig, um ihn wieder aufzumuntern – wofür ich mich natürlich ganz selbstlos zur Verfügung stellte!

Die heißesten Geheimnisse des Universums

Das vielleicht spannendste Forschungsgebiet für die Röntgenteleskope der Zukunft betrifft die heißen Gas-Ansammlungen innerhalb von Galaxienclustern, zwischen den einzelnen Galaxien. Man würde ja meinen, dass jegliche Materie zwischen den Galaxien und damit weit weg von jeglichen Sternen eiskalt sein sollte – wobei mit „eiskalt" nicht etwa die angenehm kühle Temperatur von Zimteis (mein absolutes Lieblingseis und noch so ein kulinarischer Tipp von mir!) gemeint ist, sondern viel, viel kälter, nämlich irgendwas knapp über dem absoluten Nullpunkt – und der liegt bei minus 273 Grad Celsius.

Tatsächlich gibt es aber zwischen den Galaxien und vor allem im Massezentrum von Galaxienclustern warmes bis sehr heißes, hauptsächlich aus ionisiertem Wasserstoff bestehendes Plasma, das Temperaturen von zehntausenden bis hunderten Millionen Grad erreichen kann.

Aber keine Sorge: Falls wir irgendwann mal technologisch so weit sein sollten, würde unser futuristisches Raumschiff beim Durchfliegen dieses Plasmas nicht in Flammen aufgehen. Es ist nämlich so dünn, dass pro Kubikmeter nur eine Handvoll bis einige Tausend Atomteilchen herumschwirren. Hört sich vielleicht

Röntgenbild des heißen Plasmas im *Perseus* Galaxiencluster, aufgenommen mit *Chandra*.

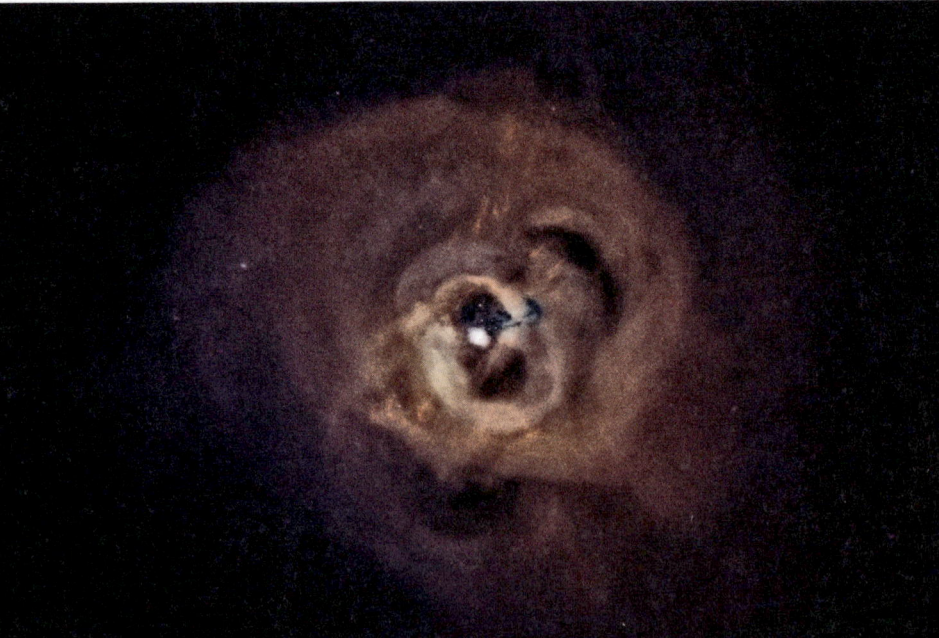

nach gar nicht mal so wenig an, bis man sich vergegenwärtigt, dass hier auf der Erde selbst auf 6000 Metern über dem Meeresspiegel ein Kubikmeter Luft knapp sechs Billionen Billionen Moleküle enthält! Und das würde ich nach meinen eigenen Höhenrauscherlebnissen beim Besteigen des Vulkan *Licancabur* schon als extrem dünne Luft bezeichnen.

Trotz seiner sehr niedrigen Dichte strahlt gerade das sehr heiße Plasma in Galaxienclustern, das sogenannte Intracluster-Medium, stark im Röntgenwellenlängenbereich und kann somit gut von *XMM-Newton*, *Chandra*, ATHENA und Co. beobachtet werden. Aber warum ist es eigentlich so heiß? Eigentlich sollte das Plasma im Laufe der Zeit abkühlen, auf die Galaxien in der Mitte der Cluster „runterregnen" und dort neue Sterne bilden. Tut es aber nicht.

Eine mögliche Erklärung dafür ist, dass die Jets, die von den supermassiven schwarzen Löchern im Zentrum von aktiven Galaxien ausgestoßen werden, enorme Druckwellen auslösen und so das intergalaktische Gas immer wieder wegstoßen und aufheizen. In *Chandra*-Bildern von Galaxienclustern erkennt man diese Druckwellen und die Blasen, die sich wie Luftbläschen beim Ausatmen unter Wasser im Intracluster-Medium bilden, sehr schön.

Das genaue Zusammenspiel zwischen den extrem massiven schwarzen Löchern im Zentrum von Galaxienclustern und der Entwicklung von Galaxien sowie der größten Strukturen im Universum ist eine der größten offenen Fragen in der modernen Astrophysik und sie wird uns wohl noch die nächsten Jahre oder sogar Jahrzehnte beschäftigen.

Eine andere Frage, so groß wie das Universum, ist, wo sich die ganze Materie versteckt, die wir Simulationen zufolge sehen müssten. Und damit meine ich nicht die Dunkle Materie, zu der wir gleich noch kommen. Nein, selbst von der normalen Materie sehen wir, wenn wir die Sterne, Galaxien und dichten Gaswolken im optischen Wellenlängenbereich untersuchen, nur ungefähr die Hälfte. Und da diese eh nur 5 % der Materie im Universum ausmacht, heißt das laut Adam Riese, dass wir nur 2,5 % des Universums direkt sehen. In der Sauna würde ich mir das manchmal wünschen, aber wenn es um unseren Kosmos geht, ist das etwas frustrierend. Aber zum Glück gibt es ja Röntgenteleskope. Die wären in der Sauna allenfalls für Orthopäden interessant, gen Kosmos gerichtet helfen sie uns womöglich, das Rätsel der fehlenden Materie zu lösen. Maßgeblich dabei: Beobachtungen des kosmischen Spinnennetzes. Ich weiß, das hört sich wieder nach Weltraumhorror vom Feinsten an – ist es aber nicht. Das kosmische Spinnennetz bezeichnet nur die „Fasern" bestehend aus Galaxienclustern, die die größten Strukturen im Universum darstellen: Die sehen Simulationen zufolge ein bisschen aus wie ein riesiges verwobenes Spinnennetz. Eine Studie von 2020 verglich nun optische Bilder mit Röntgenaufnahmen dieses Netzes und kam zu dem Schluss, dass die fehlende Materie im intergalaktischen Gas verteilt sein könnte[53]. Das ist mit optischen Teleskopen gar nicht und auch mit heutigen Röntgenteleskopen nur teilweise beobachtbar. Eine endgültige Lösung des Rätsels wird vielleicht ATHENA liefern können.

Und dann gibt es natürlich noch die Dunkle Materie. Über die haben wir ja schon im Kapitel *Rot* gesprochen: Da ging es darum, dass die mithilfe der H-Eins-Linie beobachteten Rotationskurven von Galaxien sich nicht an die Gesetze von Kepler halten und eine unsichtbare Dunkle Materie dafür verantwortlich gemacht wird. Diese Dunkle Materie muss auch herangezogen werden, um die Masseverteilung im *Bullet* Galaxiencluster zu erklären[54]. Genau genommen handelt es sich bei diesem Galaxiencluster um zwei kollidierende Galaxiencluster. Ja, auch Galaxiencluster können zusammenstoßen und ähnlich wie bei der Autokarambo-

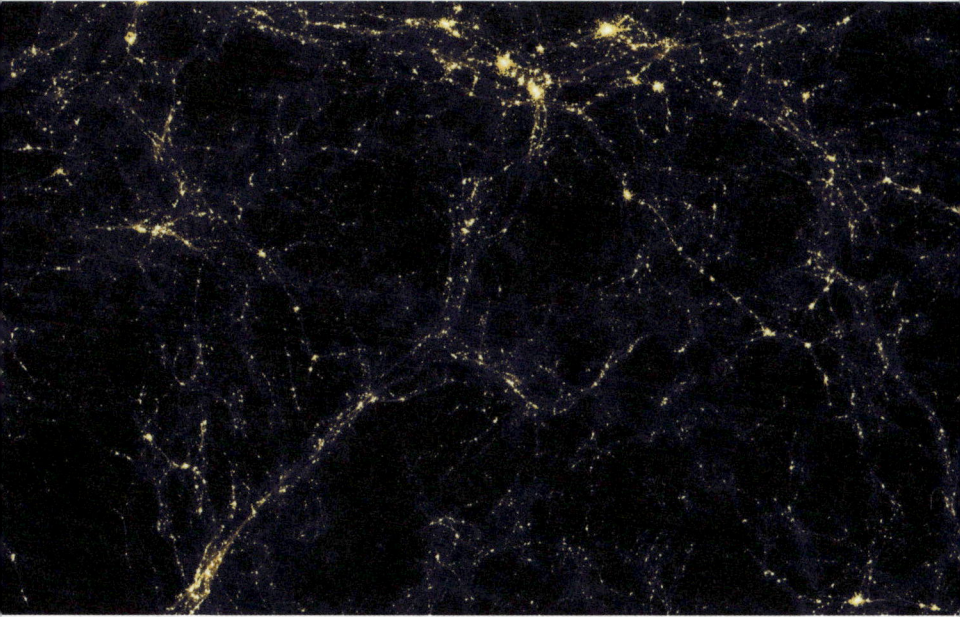

Computersimulation des kosmischen Spinnennetzes, das die größten Strukturen im Universum darstellt.

lage wird dabei alles Mögliche verschoben und zerknautscht. Vor allem die großflächig verteilte diffuse Materie. Die im Vergleich kleinen Galaxien kümmert diese Kollision der Superlative hingegen wenig – genauso wenig wie eine Legofigur im Auto, die einen Unfall trotz Totalschaden ohne einen Kratzer übersteht. Die heißen intergalaktischen Gasansammlungen der beiden Cluster hingegen prallen gegeneinander wie zwei Unfallwagen. Das kann man sehr schön in den *Chandra*-Röntgenaufnahmen des *Bullet Clusters* sehen.

Nun kommt aber der Clou: Die Dunklen Materieansammlungen der beiden Cluster prallen auch aufeinander, verhalten sich aber nach dem Zusammenprall anders als die normale intergalaktische Materie. Denn die Dunkle Materie wird nicht von elektromagnetischen Wechselwirkungen zwischen den Gasteilchen gebremst. Das ist ihre Superkraft – sie interagiert nur durch Gravitation und kann damit per Definition keine normale Materie sein. Nur so kann man erklären, dass sie trotz ihrer riesigen Ausdehnung die Kollision wie die viel kleineren Galaxien scheinbar unbehelligt übersteht.

Du fragst dich jetzt vielleicht, wie die Dunkle Materie im *Bullet Cluster* bitte schön beobachtet wurde – immerhin ist sie ja dunkel und sendet dementsprechend keine elektromagnetische Strahlung aus. Und da hast du vollkommen recht. Wie auch in Galaxien kann die Dunkle Materie in Galaxienclustern nur indirekt, durch ihre gravitationelle Interaktion mit normaler Materie sichtbar gemacht werden. Hier benutzen wir allerdings nicht ein Gesetz von Kepler, sondern eins von Einstein: den Gravitationslinseneffekt.

Kombiniertes Bild des *Bullet* Galaxienclusters. Die optische Aufnahme der einzelnen Galaxien wurde überlagert mit einer Röntgenaufnahme des heißen Plasmas (pink) und der mithilfe des Gravitationslinseneffektes berechneten Verteilung der dunklen Materie (blau).

Der Name ist dabei Programm. Laut Allgemeiner Relativitätstheorie werden nämlich Lichtstrahlen, die an einer großen Masse vorbeimüssen, ähnlich wie durch eine Linse abgelenkt. Dadurch wird das Bild, das wir von dem Objekt hinter der Linse bekommen, verzerrt: Im schönsten Fall bildet das Licht einen Einsteinring (siehe Bild im Kapitel *Orange*), der einmal komplett um die Masse im Vordergrund herumläuft. Aus der Form und Größe der verzerrten Hintergrundobjekte kann man dann Rückschlüsse auf die Masse des Vordergrundobjektes und dessen Verteilung ziehen – und wie von Zauberhand normalerweise nicht sichtbare Materie sichtbar machen.

Die Beobachtungen des *Bullet Clusters* gelten bis heute als der beste Beweis für die Existenz Dunkler Materie. Ich finde, hier zeigt sich eindrucksvoll, wie gut sich Beobachtungen in unterschiedlichen Wellenlängenbereichen ergänzen. Ohne die herausragend genauen optischen Beobachtungen mit dem *Hubble* Weltraumteleskop wäre die Dunkle Materie niemals gefunden worden – die normale intergalaktische Materie dagegen wird nur dank spezialisierter Röntgenteleskope sichtbar. Das Weltall ist wie ein Puzzle: Nur wenn wir alle Teile zusammensetzen, können wir das große Ganze sehen – und verstehen.

VIOLETT

GAMMA-
STRAHLUNG

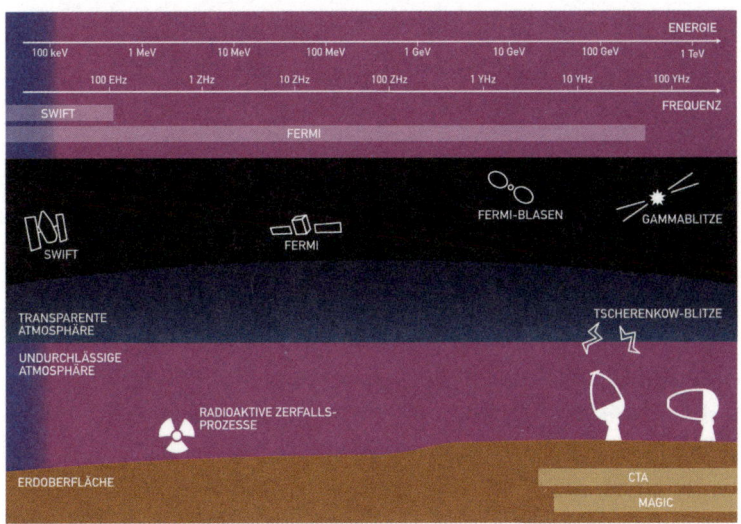

Die ersten drei Buchstaben des griechischen Alphabets kennt wohl jeder, der im Mathe- und Physikunterricht auch nur ein bisschen aufgepasst hat. Alpha, Beta, Gamma, vielleicht erinnert man sich noch an Delta oder sogar Epsilon, danach hört es bei den meisten auf. Omikron war auch mir vor Corona kein Begriff. Aber zum Glück müssen wir gar nicht so weit nach hinten ins Alphabet gehen: Die energiereichste elektromagnetische Strahlung, die wir kennen, hört nämlich auf den Namen Gamma – da kommt natürlich sofort die Frage auf, was bitte mit Alpha und Beta passiert ist.

Tatsächlich entstehen alle drei beim radioaktiven Zerfall: Dabei besteht Alpha- und Betastrahlung aus hochenergetischen Teilchen (siehe Kapitel *Indigo*), die erst da-

STECKBRIEF

Wellenlänge: < 0,01 nm
Frequenz: > 30 EHz
Energie: > 100 keV
Teleskope: Swift, Fermi, INTEGRAL, CTA, MAGIC
Astronomische Quellen: Fusionsprozesse in Sternen, Gammablitze, Interaktion von kosmischer Strahlung mit Materie
Anwendung: medizinische Diagnose, Materialprüfung, Atomkraft

nach entdeckte ebenso hochenergetische Gammastrahlung hingegen ist elektromagnetisch und verdient somit das letzte Kapitel dieses Buchs[55]. Verglichen mit Radiowellen oder UV-Licht ist Gammastrahlung wohl weniger bekannt, findet aber dennoch nicht nur im Weltraum, sondern auch hier vielfältige Anwendungen.

In der Medizin werden Gammastrahler zur aktiven Bekämpfung von Hirntumoren und vor allem auch in der Diagnostik genutzt. Beim PET (Positronen-Emissions-Tomografie)-Scan zum Beispiel wird radioaktiv markierter Traubenzucker in den Körper injiziert, um besonders stoffwechselaktive, traubenzuckerhungrige Krebszellen dank der dort austretenden Gammastrahlung genau zu lokalisieren und zu charakterisieren. So können chirurgische Eingriffe geplant oder der Erfolg einer Chemotherapie frühzeitig abgeschätzt werden. Hochenergetische ionisierende Strahlung ist also nicht nur schädlich, wenn wir ihr unkontrolliert ausgesetzt werden, sondern kann – gezielt eingesetzt – sogar Leben retten.

Dubios hingegen war der Einsatz von sogenannten Gammakanonen in der DDR. Dabei wurden Fahrzeuge, die an den Grenzübergängen ausfuhren, bis zu drei Minuten lang mit Gammastrahlung durchleuchtet[56]. Dank der extrem kurzen Wellenlängen durchdringt diese Strahlung Materie, ohne reflektiert oder gebrochen zu werden. Ähnlich wie bei der Röntgenstrahlung wird je nach Dichte und Dicke des Materials ein Teil der Strahlung absorbiert, sodass Rückschlüsse auf die innere Zusammensetzung eines Objektes möglich sind. Im Falle der Gammakanonen war dabei vor allem von Interesse, ob sich im Auto oder Lastwagen möglicherweise Flüchtlinge versteckt hielten – für die war dann die erhöhte Strahlenbelastung durch die Gammakanonen wahrscheinlich das kleinere Problem. Heute wird die durchleuchtende Fähigkeit von Gammastrahlen vor allem bei der Füllstandsmessung und Materialprüfung eingesetzt.

Auch in Atomkraftwerken spielen Gammastrahlen eine wichtige Rolle. Bei der Kernspaltung zerfallen radioaktive Uran- oder Plutoniumkerne als Reaktion auf den Beschuss mit Neutronen in leichtere Fragmente. Dabei wird Energie frei: ein Teil davon in Form der kinetischen Energie der Fragmente, die wie Billardkugeln beim Eröffnungsstoß in unterschiedliche Richtungen schießen, der andere Teil als Gammastrahlung. Diese Energie wird dann in Wärme umgewandelt, um die Turbinen anzutreiben und Strom zu gewinnen – das ist ja der Sinn des Ganzen. Leider geben die radioaktiven Nuklide aber nicht nur während des Betriebs hochenergetische Strahlung ab, sondern noch über viele Jahre darüber hinaus. Denn manche der bei der Kernspaltung eingesetzten und dabei entstehenden Isotope haben extrem lange Halbwertszeiten[57] und können auch noch nach Hunderttausenden oder Millionen von Jahren eine Gefahr für Menschen darstellen. Deswegen ist eine nachhaltige Endlagerung so wichtig – und neben dem sicheren Betrieb der Kraftwerke eine der größten Herausforderungen für die Atomindustrie.

Diese Probleme hätten wir beim gegenteiligen Prozess nicht oder zumindest in sehr viel geringerem Maße. Bei der Kernfusion, also dem Verschmelzen zweier Atomkerne, kann wie bei der Kernspaltung eine große Menge Energie gewonnen werden – und das mit sehr viel geringerem Risiko einer unkontrollierbaren Reaktion und vergleichsweise ungefährlichen Abfällen. Zwar ist das in Kernfusionsexperimenten eingesetzte Tritium (das „Dreier"-Wasserstoffisotop bestehend aus einem Proton und zwei Neutronen, auch bekannt als superschwerer Wasserstoff) radioaktiv, es strahlt aber relativ schwach und hat zudem eine recht kurze Halbwertszeit von gut zwölf Jahren. So würde schon nach etwa 100 Jahren keine Gefahr mehr von ihm ausgehen.

Zum Vergleich: Das heute in Atomkraftwerken eingesetzte Uran 235 hat eine Halbwertszeit von 700 Millionen Jahren! Die anderen bei der Kernfusion eingesetzten Stoffe Lithium und Deuterium (das „Zweier"-Wasserstoffisotop mit einem Proton und einem Neutron, konsequenterweise bekannt als schwerer Wasserstoff) sind stabil, also gar nicht erst radioaktiv. Anders als herkömmliche Kraftwerke auf der Basis von fossilen Brennstoffen stoßen Kernfusionskraftwerke kein CO_2 aus und die Brennstoffvorräte sind quasi unbegrenzt. Klingt zu gut, um wahr zu sein? Ist es leider auch, denn die ganze Sache hat einen klitzekleinen Haken: Atome verschmelzen nicht freiwillig, man muss sie dazu zwingen. Wie Kinder zum Gemüseessen. Da funktioniert meist der Anreiz einer Süßigkeit zum Nachtisch ganz gut, bei den Atomen ist es etwas komplizierter: Die brauchen als Bonbon extreme Temperaturen. In einem Kraftwerk müssten die Wasserstoffisotope mit über 100 Millionen Grad bespaßt werden, um den Fusionsprozess in Gang zu halten! Wie genau das gehen soll und wie dabei unterm Strich Energie gewonnen werden kann, wird das Kernfusionsexperiment ITER[58] in den nächsten Jahren erforschen. Noch ist vollkommen unklar, ob das diffuse Versprechen von unbegrenzt verfügbarer, sauberer Energie durch Kernfusion Realität werden kann.

Kernfusion? Nichts leichter als das!

Auf der Erde arbeiten wir mit der gebündelten Kraft der Wissenschaft und Ingenieurskunst – bis jetzt mit bescheidenem Erfolg – an der Kernfusion. In der Natur funktioniert das ganz unkompliziert und von selbst. Hier meine ich allerdings die Natur im weiteren Sinne, also nicht unbedingt den Park nebenan, sondern eher die unendlichen Weiten des Weltalls. Es gibt sogar einen natürlichen Kernfusionsreaktor, von dessen Energiefreisetzung wir alle nicht ganz unwesentlich profitieren: unsere Sonne. Die schafft es, pro Sekunde etwa 560 Millionen Tonnen Wasserstoff in Helium umzuwandeln, und hat eine Leistung von vierhunderttausend Trilliarden Watt.

Im Vergleich dazu sieht ein Standardatomkraftwerk hier auf der Erde mit einer Leistung von etwa einer Million Watt ziemlich alt aus. Allerdings ist der Vergleich nicht ganz fair, denn die Sonne hat einen entscheidenden Vorteil: Wegen des immens hohen Drucks im Inneren brauchen die Atome einen nicht ganz so hohen Temperaturanreiz, um zu fusionieren. Ab einigen Millionen Grad geht's los mit der Kettenreaktion[59]. Leider hilft uns dieses Wissen auf der Erde nicht weiter, denn im Inneren der Sonne herrscht ein Druck von 250 Milliarden bar – und den kriegen wir aus technischer Sicht noch weniger hin als die 100 Millionen Grad, die sonst für die Kernfusion nötig sind.

Was passiert denn nun genau in der Sonne? Erst mal ist wichtig zu verstehen, dass die Sonne keine homogene Kugel ist, sondern wie eine Netzmelone aus unterschiedlichen Schichten besteht. Die Kernfusion funktioniert nur im innersten Drittel, wo Druck und Temperatur am höchsten sind. Dort wird der Wasserstoff, aus dem die Sonne ursprünglich fast ausschließlich bestand, nach und nach zu Helium fusioniert. Zu 99 %[60] passiert das über die sogenannte p-p-Kette, die sich nicht nur lustig anhört, sondern chemisch auch noch ziemlich simpel ist: Zwei Wasserstoffatome (zwei Protonen, daher der Name p-p der Kettenreaktion) verschmelzen erst zu Deuterium[61], dann mit einem weiteren Proton zu leichtem Helium. Zwei solcher Atome fusionieren schließlich zu „normalem" Helium mit zwei Protonen und zwei Neutronen. Dabei werden nicht nur neue Wasserstoffatome frei, die dann für neue Reaktionen zur Verfügung stehen, sondern auch – ganz wichtig – Energie in Form von Gammastrahlung[62]. Aber Moment mal – hatten wir nicht gesagt, dass die Sonne vor allem im sichtbaren Wellenlängenbereich strahlt? Ja, hatten wir, und ganz ehrlich: Wenn die Sonne hauptsächlich Gammastrahlung abgeben würde, säßest du ganz sicher nicht hier und könntest dir darüber Gedanken machen. Zum Glück für uns müssen die bei der Kernfusion entstehenden Gammastrahlen aber noch durch die äußeren zwei Drittel der Sonne durch, um zu uns zu gelangen – und das beschert uns eine Art natürlichen Schutzschild.

Die lange Reise der Gammastrahlen führt zunächst vom Kern durch die Strahlungszone, die aus heißem, ziemlich undurchdringlichem Plasma besteht. Wie ich beim eiligen Durchqueren einer eng gepackten Menschenmenge kommen auch die Gammaphotonen nur langsam voran. Immer wieder stoßen sie gegen Plasmateilchen und werden dabei gestreut, absorbiert und wieder freigegeben. So wird aus einem kurzen, zielstrebigen Marsch Richtung Sonnenoberfläche ein einziges Zickzackgewusel, das ewig dauert und viel Energie kostet. Dieser sogenannte *Random Walk* dauert an, bis die Photonen zum äußeren Rand der Strahlungszone gelangen.

Dort ist die Temperatur von 15 Millionen auf „nur" 1,5 Millionen Grad abgekühlt und der weitere Energietransport bis zur Oberfläche geschieht durch Konvektion. Das klingt erst mal irgendwie technisch und kompliziert, ist aber auch hier auf der Erde ein ganz alltägliches Phänomen, das du zum Beispiel siehst, wenn Wasser kocht.

Besonders schön beobachten lässt es sich an einem lauen bayrisch weiß-blauen Sommertag. Wer hat nicht schon mal, auf dem Rücken im Englischen Garten liegend, fasziniert die sich bildenden und wieder auflösenden Wolken beobachtet und darin Formen zu erkennen versucht? Ich kann das manchmal stundenlang tun – und denke dabei nicht unbedingt an Konvektion. Aber ohne die ginge es nicht. Denn nur dank des Phänomens der Konvektion gibt es etwas, das mein Herz sofort höherschlagen lässt: Thermik! Meine Gleitschirm-, Drachen- und Segelfliegerkollegen wissen, wovon ich spreche.

Für alle anderen: Bei Thermik wärmt sich ein Luftpäckchen etwas mehr auf als die umliegende Luft, zum Beispiel über dunklem

Asphalt, auf den die Sonne knallt. Dadurch dehnt es sich aus und wird im Vergleich zur Umgebung weniger dicht, also leichter, und steigt dementsprechend auf. Im Idealfall nimmt es dabei mich und meinen Gleitschirm mit – bis zur Untergrenze der Wolke, die sich bei feuchter Luft beim Abkühlen des hochgestiegenen Luftpäckchens bildet. Für mich heißt es dann schnell abhauen, da in der Wolke zu fliegen nicht nur gefährlich, sondern auch eklig nasskalt ist. Das Luftpäckchen hingegen steigt weiter auf, bis es sich mit seiner Umgebung im Einklang befindet: Die Konvektion hat ihren Job getan. Natürlich kann nach dem gleichen Prinzip auch ein Luftpäckchen, das schwerer ist als die Umgebungsluft, absinken – und das tut es auch, sonst hätten wir irgendwann auf dem Boden keine Luft mehr zum Atmen.

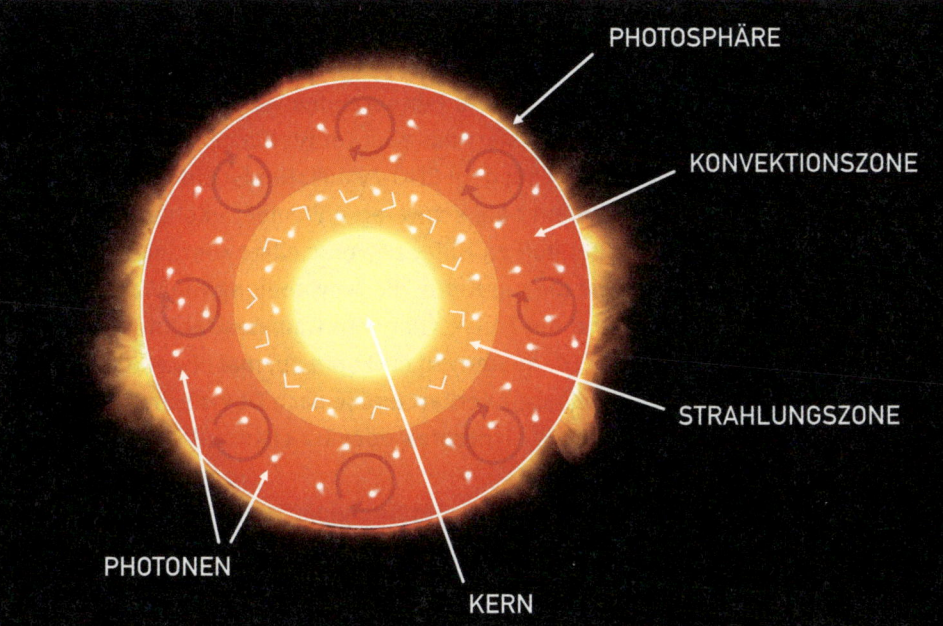

PHOTOSPHÄRE

KONVEKTIONSZONE

STRAHLUNGSZONE

PHOTONEN

KERN

Schematische Darstellung des Sonnenaufbaus.

Aber kommen wir zurück zur Sonne und unseren Photonen, die inzwischen in der Konvektionszone sind und verzweifelt versuchen, zu entkommen. Wie bei einem kaputten Aufzug geht es mal hoch, mal runter, dann mal weiter hoch – bis sie endlich die Photosphäre erreichen, die 5500 Grad heiße Oberfläche der Sonne. Zu dem Zeitpunkt haben die Lichtteilchen eine hunderttausende Jahre während Reise hinter sich und riesige Mengen an Energie eingebüßt, sodass aus der Gammastrahlung der Kernfusion eine Breitbandstrahlung aus Infrarot-, sichtbarem und UV-Licht geworden ist. Die gelangt dann durch das Vakuum des Weltraums in nur 8 Minuten zu uns und beglückt Pflanzen, Sonnenanbeterinnen und Solarzellen. So gesehen erzeugen wir sogar heute schon Strom durch Kernfusion – nur eben die der Sonne.

Natürlich erzeugt Kernfusion nicht nur im Inneren der Sonne Gammastrahlung, sondern in allen Sternen. In massereicheren Sternen, in deren Kern höhere Temperaturen von über 17 Millionen Grad herrschen, passiert das zum Großteil nicht mehr über die p-p-Kette, sondern mit dem CNO-Zyklus. Der ist ein bisschen komplizierter und nimmt die schwereren Elemente Kohlenstoff, Stickstoff und Sauerstoff zu Hilfe, bewerkstelligt aber letztendlich das Gleiche wie die p-p-Kette: die Umwandlung von Wasserstoff zu Helium und die Freisetzung von Gammastrahlung, die dann beim Versuch, dem Stern zu entkommen, mal etwas mehr, mal etwas weniger Energie verliert und je nach Oberflächentemperatur vorwiegend als sichtbares oder UV-Licht auf die lange Reise durchs Weltall geht.

Der Ursprung des Sternen- und Sonnenlichts ist also die bei der Kernfusion entstehende Gammastrahlung – aber sie ist sehr gut getarnt. Ein bisschen wie das grelle Licht einer Glühbirne, das dank eines Lampenschirms zum geheimnisvoll schimmernden Lampion wird.

Blitze der Superlative

Das Weltall schickt uns auch Gammastrahlung, die als solche zu erkennen ist – wenn man hinschaut! Lange Zeit wusste man aber gar nicht, dass da was zu schauen war, denn ähnlich wie die Röntgenstrahlung wird auch die Gammastrahlung von der Erdatmosphäre geschluckt. In den 1960er Jahren, also im Kalten Krieg, assoziierte man Gammastrahlung nicht wie ich heute mit den Wundern des Weltalls, sondern vor allem mit Atomwaffen. Und da das US-Militär befürchtete, dass der damalige Raumfahrt-Vorreiter Sowjetunion im Weltraum geheime Atomwaffen testen könnte, schickten sie eine Flotte von Satelliten ins All, die darauf spezialisiert waren, Gammastrahlung zu messen.

Und tatsächlich! Am 2. Juli 1967 entdeckten die Satelliten einen Gammastrahlenblitz! Zum Glück für die gesamte damalige Weltbevölkerung war schnell klar, dass es sich nicht um die Strahlung von Atomwaffen handeln konnte – der Blitz dauerte viel länger, als es für eine Atomwaffe möglich wäre,[63] und zeigte anstatt des erwarteten sehr raschen Intensitätsabfalls noch ein zweites Aufleuchten. Aber wenn es nicht das Aufblitzen von Atomwaffen gewesen sein konnte, was war es dann?

Folgebeobachtungen mit einer Reihe von Satelliten über die nächsten Jahre lieferten darauf keine Antwort. Die immer wieder auftauchenden Blitze schienen weder von der Sonne noch den Planeten unseres Sonnensystems zu kommen – und erstaunlicherweise konnten sie mit keinem bekannten hochenergetischen Phänomen in Verbindung gebracht werden. Jahrzehntelang suchte man vergeblich in anderen Wellenlängenbereichen nach Supernovae, Pulsaren und aktiven Galaxien, die den Gammablitz hervorgerufen haben könnten, ohne Erfolg. Erst in den 1990er Jahren kam mit einer neuen Generation von Gamma-Weltraumteleskopen der Durchbruch: 1997 gelang es endlich, das Nachglühen von zwei Gammablitzen im sichtbaren Wellenlängenbereich zu beobachten. Damit bestätigte sich die Theorie: Was auch immer da explodierte, hinterließ nach dem kurzen Gammastrahlen aussendenden Knall auch in anderen Bereichen des elektromagnetischen Spektrums Spuren – die aber wie Fußstapfen im Schneegestöber schnell wieder verschwanden. Das Geheimnis hinter der erfolgreichen Nachbeobachtung hieß ganz klar: (Sehr) schnell sein! Genau das ist auch die Devise bei *Swift*, einem 2004 gestarteten Weltraumteleskop der NASA, das genau genommen aus drei verschiedenen Teleskopen besteht. Dabei ist das Gammateleskop dafür zuständig, Gammablitze zu entdecken, das Röntgenteleskop verfeinert die Positionsbestimmung und das UV-/optische Teleskop misst das Nachleuchten. *Swift* (Englisch für schnell) macht dabei seinem Namen alle Ehre: Weniger als eine Minute nach der Entdeckung eines Gammablitzes sind die Röntgen- und UV-Teleskope an Bord schon im Einsatz und alle Bodenstationen alarmiert. Inklusive des Smartphones meiner hochmotivierten Supernova-forschenden Freundin, die inzwischen auch Gammablitze für sich entdeckt hat – was ihrer Nachtruhe nicht gerade gut bekommt.

Die wohl wichtigste Erkenntnis, die aus der Beobachtung des Nachglühens von Gammablitzen hervorging, war ihre unglaubliche Entfernung. Mit einem Mal schien der jahrzehntelang gehegte Gedanke, diese Explosionen könnten in unserer kosmischen Nachbarschaft stattfinden, absurd. Denn die Rotverschiebungen, die dank der Spektralanalyse der optischen Daten berechnet werden konnten, ergaben allesamt Distanzen von Milliarden von Lichtjahren! Gammablitze stammen also aus fernen Galaxien und gehören dank ihres immensen Energieausstoßes zu den am weitesten entfernten Objekten, die wir im ganzen Universum beobachten können.

Den Rekord hält dabei *GRB 090429B*[64] mit circa 13,14 Milliarden Lichtjahren Entfernung[65]. Dazu passt, dass die mehrere Tausend bis heute entdeckten Gammablitze sehr gleichmäßig über den Himmel verteilt sind – ähnlich wie die kosmische Hintergrundstrahlung, die wir im Kapitel *Orange* besprochen haben. Würden die Gammablitze hingegen aus nahe gelegenen Galaxien oder sogar unserer eigenen Milchstraße stammen, kämen sie bevorzugt aus bestimmten Richtungen (zum Beispiel der Galaktischen Scheibe). Stattdessen befinden wir uns gefühlt im Zentrum eines Gammastrahlen-Feuerwerks der Superlative aus fernster Vergangenheit. Ich muss dabei wieder an das Restaurant am Ende des Universums aus *Per Anhalter durch die Galaxis* denken, auch wenn der Vergleich etwas hinkt. Denn im Falle der Gammablitze sehen wir nicht die Explosionen am Ende des Universums – sondern eher aus der Anfangszeit, als sich die Strahlung mit Lichtgeschwindigkeit auf den langen, langen Weg zu uns machte.

Die Tatsache, dass wir Gammablitze unter diesen Umständen überhaupt beobachten können, legt nahe, dass sie unvorstellbar hell sein müssen – starke Gammablitze gelten als die heftigsten und energiereichsten Explosionen im Universum nach dem Urknall. Der Mega-Gammablitz *GRB 190114C*[66] zum Beispiel strahlte mit bis zu einem Teraelektronvolt. Zum Vergleich: Ein solches Photon hat eine Billion Mal mehr Schmackes als eines des sichtbaren Lichts. DAS ist mal Strahlung! Die entsteht allerdings nicht einfach mal so, sondern nur im Zuge höchstenergetischer Prozesse. Dabei involviert sind wahnsinnig schnelle Teilchen, die mit anderen (Licht- oder Materie-)Teilchen zusammenstoßen und dabei große Mengen Energie freisetzen. Im Fall von *GRB 190114C* wurde berechnet, dass die Materie durch eine Explosion auf 99,999 % der Lichtgeschwindigkeit beschleunigt wurde! Die krasse Gammastrahlung entstand, als die Hochgeschwindigkeitsteilchen auf Photonen niedrigerer Energien trafen und diese mit einem mega Energieschub versetzten[67]. Wie ein Duracell-Häschen, das eine frische Batterie bekommt, gingen die Photonen sofort durch die Decke – das Ergebnis war die energiereichste elektromagnetische Strahlung, die jemals gemessen wurde.

Ein Glück also, dass sich Gammablitze vor allem in fernen Galaxien ereignen. Würde einer in unserem Teil der Milchstraße losgehen, wäre es gut möglich, dass die extreme Strahlung erst unsere Ozonschicht und dann infolgedessen (wir erinnern uns an die schützende Wirkung der Ozonschicht aus dem Kapitel *Blau*) das Ökosystem unseres Planeten zerstören würde. Nicht gerade beruhigend. Einige Massensterben der Erdgeschichte könnten Hypothesen zufolge tatsächlich auf nahe Gammablitze zurückzuführen sein, zum Beispiel das Ordovizische Massenaussterben vor 450 Millionen Jahren.

Damals waren Lebensformen noch auf Meere und Seen beschränkt und vor allem in seichteren Gewässern starben 85 % aller Arten aus. Große Sorgen mache ich mir persönlich aber trotzdem nicht: Hochrechnungen zufolge gibt es in unserer Galaxie nur alle paar Millionen Jahre einen Gammablitz[68]. Damit der aber wirklich problematisch für uns wird, müssten wir auch noch das große Pech haben, dass er in unserer unmittelbaren Umgebung von einigen Hundert bis wenigen Tausend Lichtjahren stattfindet und die Erde direkt mit seinem Strahl erwischt.

Denn die tödliche Gammastrahlung wird bei der Explosion nicht in alle Richtungen abgegeben, sondern in zwei gerichteten Jets konzentriert. Das erinnert mich daran, wenn mein Neffe mich mit seiner Wasserpistole jagt: Solange er mich nicht direkt trifft, ist alles gut. Sonst gibt's nasse Klamotten und eine Menge Ärger. Oder im Falle des direkt auf uns gerichteten Gammablitzes halt den Weltuntergang. Aber wie gesagt, die Wahrscheinlichkeit, dass das zu unseren Lebzeiten geschieht, ist für unser Alltagsleben gleich null. Es lohnt sich also weiterhin, Sport zu treiben und auf die Ernährung zu achten.

Kosmisches Yin und Yang

Auch wenn Gammablitze für die heutige Weltbevölkerung ziemlich weit unten auf der Liste der Ereignisse stehen, die uns auslöschen könnten, sind sie durchaus relevant für die Entstehung (oder Nicht-Entstehung) von Leben im Universum. Denn nicht alle Planeten haben das Glück, wie die Erde in einem dünn besiedelten Teil einer ruhigen Galaxie zu wohnen.

Zudem legen unsere Beobachtungen nahe, dass es früher mehr Gammablitze gab als heute – was wahrscheinlich damit zu tun hat, dass die Galaxien im jungen Universum weniger Metalle[69] enthielten als heute. Klar: Die mussten erst noch durch die Kernfusion im Inneren von Sternen und Supernova-Explosionen gebildet und ins All geschleudert werden, um danach wie recyceltes Plastik in der nächsten Generation von Sternen zum Einsatz zu kommen. So enthält jede neue Generation von Sternen mehr Metalle als die vorherige. Das scheint sich am Ende ihres Lebens im Explosionsverhalten widerzuspiegeln: „Moderne" Galaxien, vor allem die mit einer relativ jungen Sternbevölkerung wie die Milchstraße, erleben im Vergleich zu Galaxien der Universums-Antike weniger starke Gammablitze. Einer Studie zufolge waren Gammablitze bis vor 5 Milliarden Jahren noch so allgegenwärtig, dass jegliche Entwicklung von Leben von der tödlichen Strahlung im Keim erstickt worden wäre[70]. Von wegen: Früher war alles besser.

Wie genau Gammablitze entstehen, wird in Fachkreisen immer noch heftig debattiert – Sternexplosionen und deren Folgeprodukte scheinen aber eine wichtige Rolle zu spielen. Inzwischen wurden mehrere der stärkeren, länger andauernden (typischerweise um die 30 Sekunden) Gammablitze mit Kernkollaps-Supernovae oder Hypernova[71]-Explosionen in Verbindung gebracht. Kürzere Gammablitze (mit einer Dauer von weniger als 2 Sekunden) hingegen können beim Verschmelzen zweier Neutronensterne entstehen, wie 2017 eindrucksvoll belegt wurde: Damals wurde fast zeitgleich mit dem LIGO/VIRGO Detektor ein entsprechendes Gravitationswellen-Ereignis, und mit den Gamma-Weltraumteleskopen *Fermi* (NASA) und INTEGRAL (ESA) der zugehörige Gammablitz gemessen[72].

Andere plausible Ursachen für die Entstehung kurzer Gammablitze sind die Verschmelzung von einem Neutronenstern und einem schwarzen Loch sowie Typ-1A-Supernovae (das sind die, bei denen ein weißer Zwerg von einem Begleitstern mehr Material akkretiert, als er stemmen kann – siehe Kapitel *Blau*). Interessanterweise gibt es aber auch lange, starke Gammablitze, die scheinbar aus dem Nichts kommen und nicht mit einer Supernova erklärt werden können. Für die muss es eine andere Ursache geben.

Eine ziemlich abgefahrene Idee finde ich, dass zumindest einige dieser mysteriösen Gammablitze weiße Löcher darstellen. Wenn du noch nie etwas von einem weißen Loch gehört hast, befindest du dich in bester Gesellschaft: Ich hatte auch keine Ahnung, was bitte schön ein weißes Loch sein sollte – bis ich die Aufgabe bekam, für *Terra X* auf YouTube einen Clip dazu zu machen[73].

Anfangs war ich extrem skeptisch, denn die meisten Astronomen halten weiße Löcher für rein theoretische Konstrukte, die allenfalls in Science-Fiction-Filmen existieren. Doch je länger ich recherchierte, desto mehr faszinierte mich die Idee, dass es nicht nur schwarze Löcher geben könnte – sondern auch das genaue Gegenteil. Dem Yin sein Yang sozusagen. Anstatt alles unwiderruflich zu verschlucken, würde ein weißes Loch als eine Art kosmischer Geysir fungieren und Materie und Licht ausstoßen, ohne jemals etwas hineinzulassen. Verbunden mit einem schwarzen Loch könnte dann sogar ein Wurmloch entstehen: Es geht auf der einen Seite rein und auf der anderen wieder raus – eventuell auch in einem anderen Quadranten der Galaxie wie bei *Star Trek Deep Space Nine*!

Künstlerische Vision davon, wie ein weißes Loch aussehen könnte.

Das hört sich jetzt total fantastisch an, ich weiß. Aber zumindest mathematisch stehen weiße Löcher auf einem soliden Fundament, nämlich dem von Einsteins Allgemeiner Relativitätstheorie. Natürlich heißt das noch lange nicht, dass es sie auch wirklich gibt, zumal für ihre Entstehung Prozesse notwendig wären, die nur als exotisch bezeichnet werden können. Zum Beispiel müsste laut Thermodynamik die Zeit kurzzeitig rückwärtslaufen!

In der Quantenmechanik ist das tatsächlich möglich, allerdings nicht so, wie ich es gerne hätte, mit Zeitreisen à la *Zurück in die Zukunft* und der Möglichkeit, vergangene Fehler zu korrigieren, sondern nur mit sehr kurzen, nicht steuerbaren *Blips*. Außerdem bräuchten wir, um weiße Löcher erklären zu können, ein neues physikalisches Verständnis, das über die Allgemeine Relativitätstheorie hinausgeht. Ein hypothetisches Entstehungsszenario[74] beruht auf der Schleifenquantenphysik. Wegen der Schleifen klingt das erst mal rosa und niedlich, ist aber eine mathematisch knallharte, durchaus ernst zu nehmende Abwandlung der Stringtheorie. Demnach besteht die Raumzeit aus winzigen Schleifen einer endlichen Größe, die den kompletten Kollaps von Materie in einem schwarzen Loch verhindern. Stattdessen gibt es einen Quantenrückprall, bei dem das schwarze Loch sofort alles wieder ausspuckt und als weißes Loch explodiert.

Nach dieser Theorie sollte es schwarze Löcher nur für Bruchteile einer Sekunde geben. Wie soll das bitte gehen? Schließlich gilt die Existenz von schwarzen Löchern inzwischen als gesichert und diejenigen, die wir nachgewiesen haben, scheinen weitaus länger zu existieren, als sie es nach der Schleifenquantenphysik jemals könnten. Die Betonung liegt dabei auf „scheinen", denn wie wir spätestens seit *Interstellar* wissen, vergeht die Zeit in der Nähe eines schwarzen Lochs langsamer als aus der (weit entfernten) Beobachterperspektive. Und das ist der Clou: Aus Sicht des schwarzen Lochs explodiert es quasi sofort wieder als weißes Loch – aber von außen betrachtet dauert es viel länger. Und damit meine ich wirklich sehr viel länger: Berechnungen zufolge würden die allerersten schwarzen Löcher des Universums aus unserer Sicht erst jetzt, 13,8 Milliarden Jahre nach dem Urknall, zu weißen Löchern – und für uns potenziell als Gammablitze messbar!

Ein Blick in den Gammastrahlen-Himmel

Würden wir mit Gammastrahlenbrillen in den Himmel schauen, sähen wir neben den kurzen, überall aufpoppenden hellen Gammablitzen auch eine viel langlebigere diffuse Gammastrahlung, die uns ständig umgibt. Dass unser Gammastrahlen-Himmel (fast) so schön ist wie im sichtbaren Wellenlängenbereich, wissen wir spätestens seit der atemberaubenden 5-Jahres-Aufnahme des *Fermi*-Weltraumteleskops von 2013. Darauf zu sehen: das Band unserer Milchstraße sowie eine Vielzahl scheinbar zufällig angeordneter heller Punkte vor einem recht homogenen Grundrauschen. Die diffuse Gammastrahlung unserer Galaxie entsteht zum Großteil durch die Interaktion von sehr stark beschleunigten Teilchen, die in den Schockfronten von Supernova-Überresten produziert werden, mit den Atomen und Photonen, die zwischen den Sternen herumschwirren. Aber auch kompakte Objekte wie Pulsare und Röntgendoppelsterne spielen eine Rolle und können teilweise eindeutig hellen Punkten auf der Karte zugeordnet werden.

Aufnahme des gesamten Himmels im Gammastrahlen-Wellenlängenbereich mit dem *Fermi*-Weltraumteleskop. Für dieses Bild wurden die Daten von fünf Jahren Beobachtungen zusammengetragen.

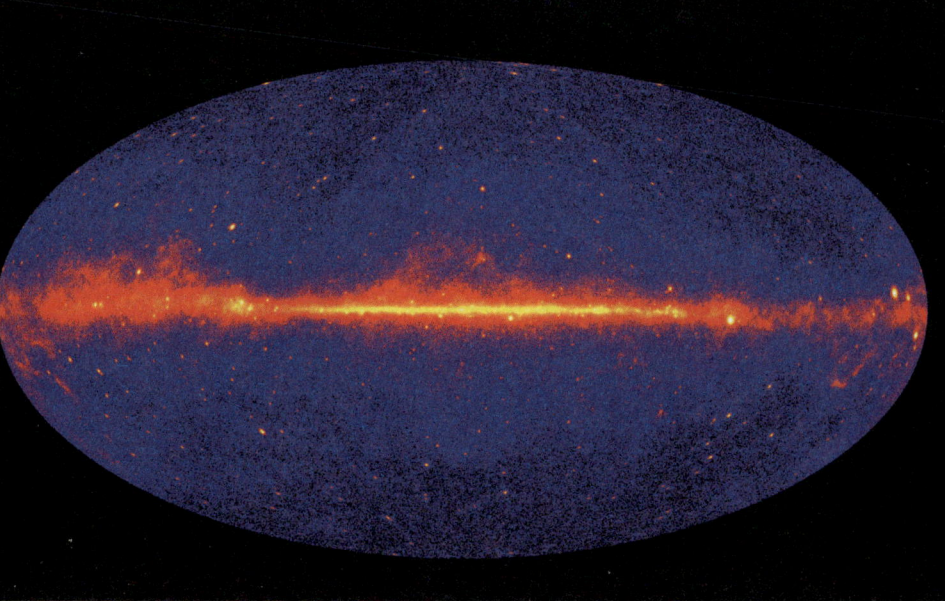

Außerhalb des Bandes der Milchstraße kommt der Großteil des diffusen Leuchtens aus anderen Galaxien, die Gammastrahlung abgeben. Lange Zeit war man sich unsicher, ob das vor allem normale sternbildende Galaxien wie unsere Milchstraße seien oder doch eher aktive Galaxien, die aufgrund der hochenergetischen Akkretionsprozesse um das schwarze Loch im Zentrum besonders viel Gammastrahlung aussenden sollten.

Vielleicht waren für das Gamma-Grundrauschen auch exotischere kosmologische Prozesse am Werk, wie zum Beispiel die Interaktion von kosmischer Strahlung mit der Mikrowellen-Hintergrundstrahlung? Einer Studie von 2021 zufolge braucht es weder exotische Prozesse noch aktive Galaxien, um die extra-

Künstlerische Darstellung der Fermi-Blasen (violett), die aus dem Zentrum der Milchstraße zu entspringen scheinen.

galaktische diffuse Gammastrahlung zu erklären: Demnach stammt sie vor allem aus normalen Galaxien, in denen wie in unserer Milchstraße ständig Sterne geboren werden und sterben[75]. Irgendwie schön, dass die kosmischen Normalos aufgrund ihrer schieren Anzahl die aufsehenerregenden aktiven Artgenossen in dieser Hinsicht übertrumpfen können. Vielleicht sollten die Autokraten unserer Welt sich das zu Herzen nehmen.

Im Bild des Gammastrahlen-Himmels auf den ersten Blick gar nicht zu erkennen ist eine unerwartete Entdeckung, die in der Astroszene für Furore sorgte: die sogenannten Fermi-Blasen unserer Milchstraße. Dabei handelt es sich um riesige blasenförmige Strukturen, die vom Zentrum der Galaxie ausgehen und im Gammawellenlängenbereich strahlen. Wie wir wissen, braucht es dafür hochenergetische Teilchen, die mit anderen Teilchen oder Photonen zusammenstoßen – aber woher kommt diese viele kosmische Strahlung?

Die Blasen erstrecken sich immerhin über 25 000 Lichtjahre und ziehen sich, von uns aus betrachtet, über den halben Himmel! Jahrelang lieferten sich zwei konkurrierende Ideen ein Rennen: Die Teilchen könnten Supernova-Explosionen im Zentrum der Galaxie entspringen oder aber aus einer vergangenen aktiven Episode des schwarzen Lochs im galaktischen Kern stammen. In letzter Zeit scheint sich das zweite Szenario immer mehr durchzusetzen: Neusten Modellen[76] zufolge hat sich das gigantische schwarze Loch im Zentrum der Milchstraße vor einigen Millionen Jahren eine riesige Menge Material einverleibt – mehr, als es verdauen konnte. Das überschüssige Material wurde wie bei einem aus dem Ruder gelaufenen Hamburger-Wettessen in extrem energiereichen Jets wieder herauskatapultiert und bildete nach und nach die Blasen, die wir heute sehen. Danach war aber offensichtlich erst mal Fasten angesagt für *Sag A**, denn heute hungert es eher.

Dazu gab es auf der Pressekonferenz zur Enthüllung des EHT-Bildes eine tolle Analogie: Wenn man das schwarze Loch auf die Masse eines Menschen runterskalieren würde, dann würde die Masse des akkretierten Materials einem Reiskorn alle Millionen Jahre entsprechen! Ich weiß nicht, wie es dir geht, aber da lobe ich mir doch das Hamburger-Wettessen.

Mehr Energie geht nicht

Wie „sehen" wir Gammastrahlung eigentlich? Gammaphotonen sind noch schwieriger zu fangen als Röntgenphotonen. Zum einen sind sie noch seltener – selbst bei hellen Quellen muss man manchmal mehrere Minuten warten, bis *überhaupt eins* ankommt! Dazu kommt, dass sie aufgrund ihrer sehr hohen Energie schlecht zu fokussieren sind: Durch einen normalen Spiegel würden sie einfach hindurchströmen, ohne sich groß dabei stören zu lassen.

Deswegen schaut das *Fermi* Weltraumteleskop auch eher aus wie eine Box als ein Teleskop – ein klassisches Teleskop wäre bei diesen winzigen Wellenlängen sinnlos. Stattdessen besteht das Hauptinstrument[77] aus mehreren Schichten von Metallplättchen. Das ankommende Photon muss diese alle durchlaufen und interagiert irgendwann mit einem Atom des Metalls. Dabei werden zwei geladene Teilchen frei, ein Elektron und ein Positron, deren Weg durch die weiteren Metallplättchen aufgezeichnet wird. Dadurch kann man in etwa rekonstruieren, woher das Photon gekommen sein muss – von den detaillierten Bildern, die man zum Beispiel im Röntgenbereich mit *Chandra* bekommt, können Gammaastronomen aber nur träumen. Das wunderschöne Röntgenbild vom Krebsnebel zum Beispiel (siehe Kapitel *Indigo*) besteht durch die Augen von *Fermi* gesehen nur aus einem einzigen Pixel! Schlussendlich landen die Teilchen im Kalorimeter, wo ihre Gesamtenergie gemessen wird. Auch Gammaphotonen müssen Kalorien zählen, wie beruhigend!

Gammateleskope im Weltraum sind nur für Messungen von Photonen bis zu einer bestimmten Energie (etwa 30 Gigaelektronvolt, GeV) sinnvoll – Photonen mit höheren Energien sind so selten, dass man zum Sammeln größere Detektoren braucht, als im Weltraum praktikabel ist. Man benutzt ja auch kein Teesieb, um vom Baum fallende Äpfel aufzufangen, sondern lieber ein großes Netz.

Aber Moment mal: Beim Gammablitz *GRB 190114C* wurden doch um ein Vielfaches höhere Photonenergien von bis zu einem Teraelektronvolt (TeV, entspricht 1000 GeV) gemessen! Wie passt das zusammen? Ganz einfach – die Beobachtungen

Künstlerische Visualisierung eines Teils des *Cherenkov Telescope Array* in der chilenischen *Atacama*-Wüste.

wurden von Gammateleskopen auf der Erdoberfläche durchgeführt. Und das, obwohl unsere Atmosphäre Gammastrahlung ja bekanntlich schluckt. Denn wie wir schon bei der kosmischen Strahlung im Kapitel *Indigo* gesehen haben, lösen sehr energiereiche Photonen in der Luft einen Teilchenschauer aus, der sogenannte Tscherenkow-Blitze verursacht. Diese Blitze sind zwar extrem kurz und nicht sehr hell, strahlen aber im sichtbaren/UV-Wellenlängenbereich und können so mit speziellen Teleskopen von der Erdoberfläche aus beobachtet werden. Die TeV-Strahlung von *GRB 190114C* zum Beispiel wurde mit dem MAGIC-Teleskop auf der wunderschönen Kanareninsel La Palma gemessen.

Dort wird auch gerade das größte Teleskop der Welt für hochenergetische Gammastrahlung gebaut – oder zumindest ein Teil davon. Der andere Teil kommt 8000 Kilometer entfernt in die chilenische *Atacama*-Wüste – und zwar ganz in die Nähe des VLT. Da macht es natürlich Sinn, dass die ESO ein Partner in diesem neuen Megaprojekt ist.

Das CTA (*Cherenkov Telescope Array*) wird aus über 100 Einzelteleskopen mit Spiegeldurchmessern zwischen 4 und 25 Metern bestehen und Gammastrahlung mit Energien von 20 GeV bis 300 TeV (!) messen können. Die vielen Teleskope vergrößern nicht nur die Sammelfläche für die Tscherenkow-Lichtschauer, sondern ermöglichen auch eine genaue Rekonstruktion der ursprünglichen Richtung des Gammaphotons. So wird das CTA die beste Bildauflösung haben, die jemals für ein Gammateleskop erreicht wurde – anstatt den Krebsnebel nur als verschwommenen Punkt zu sehen, können wir bald ein annähernd so detailliertes Bild bekommen wie im Röntgenbereich mit *Chandra*! Auch in anderen Bereichen wird das CTA neue Maßstäbe setzen: Es wird zehnmal empfindlicher sein und den Himmel hunderte Mal schneller scannen können als heutige Gammateleskope. Und das Spannendste: Es wird uns einen komplett neuen Blick auf den Himmel bieten – bei höheren Frequenzen, als wir jemals haben messen können! Wer weiß, was wir da finden?

In jedem Fall erweitern wir den kosmischen Regenbogen hin zu noch höheren Energien – und entdecken mit ein bisschen Glück einen ganz neuen Bereich der Astrophysik. Noch sind wir nicht am Ende des Regenbogens angelangt!

AM ENDE DES REGENBOGENS

Auch wenn unser kosmischer Regenbogen in Zukunft wohl noch etwas erweitert wird – sowohl auf der roten Seite hin zu noch längeren Wellenlängen als auch auf der violetten Seite zu noch höheren Energien –, neigt sich unsere Reise durchs Universum auf den Spuren des Lichts dem Ende zu. Wir haben die kosmische Mikrowellenhintergrundstrahlung aus den Anfangszeiten unseres Universums gemessen, sowohl die Dunkle Materie als auch die Dunkle Energie gestreift und im heißen intergalaktischen Gas gebadet. Wir sind durch weit entfernte Galaxien gerauscht, dort von Gammablitzen verstrahlt worden und haben aktive Galaxienkerne bestaunt. Wir haben die Milchstraße bereist und das Leben der Sterne verfolgt, von ihrer Geburt aus einer Molekularwolke bis zum bitteren Ende als weißer Zwerg, Neutronenstern oder schwarzes Loch. Wir haben einen ganzen Zoo von Planeten bereist und überall nach Aliens gesucht. Wir sind bei Weltraumteleskopen mitgeflogen und haben an den schönsten Orten der Erde in den Himmel geschaut. Wir haben viele neue Eindrücke gesammelt und hatten Spaß dabei – ich zumindest, ich hoffe, du auch!

Wie nach jeder längeren Reise bin ich nun erst mal froh, wieder daheim zu sein. Zu entspannen, meine Alltagsgewohnheiten wieder aufzunehmen, endlich wieder Zeit für Familie, Freunde und Hobbys zu haben – und genau zu wissen, wie alles um mich herum funktioniert. Kurz gesagt: wieder in meiner Komfortzone anzukommen. Aber ich weiß jetzt schon, dass mich in spätestens einigen Wochen wieder die Aufbruchsstimmung packt und ich mich fragen werde: Was passiert als Nächstes? Wo soll die Reise nun hingehen? Im Leben muss sich jede und jeder diese Frage selbst beantworten – oder manchmal auch einfach abwarten, in welch unvorhergesehene Richtungen das Schicksal uns trägt. Beim kosmischen Regenbogen hingegen kann ich zumindest einige Prognosen wagen.

So bricht für die Forschung in vielen Wellenlängenbereichen jetzt oder in naher Zukunft ein neues Zeitalter an: Im Mikrowellenbereich setzt ALMA bereits jetzt neue Maßstäbe, was die Genauigkeit der Beobachtungen angeht. Die Radioastronomie wird in den nächsten Jahren mit dem SKA revolutioniert werden, da bin ich mir sicher. Gleiches gilt für unser Verständnis des hochenergetischen Gammastrahlen-Universums, wenn das CTA in Betrieb genommen wird. Im Infraroten haben wir nun mit dem JWST ein Weltraumteleskop der Superlative und in den nächsten Jahren werden die ersten Teleskope einer neuen Größenordnung (mit 20–40 Metern Spiegeldurchmesser) auf der Erdoberfläche am Start sein, allen voran das ELT der ESO. Diese werden auch einen großen Teil des sichtbaren Wellenlängenbereichs abdecken. Im Röntgenbereich können wir uns mit ein bisschen Glück auf ATHENA freuen, auch wenn es noch einige Jahre dauert, bis es gestartet werden kann. Nur um den UV-Bereich mache ich mir ein wenig Sorgen: Da gibt es zwar einige Konzepte für neue große Weltraumteleskope, aber noch nichts in der konkreten Planungsphase.

Generell heißt die Devise für die Zukunft der Astrophysik: Bunt wird sie sein! Und damit meine ich nicht nur, dass wir bei der kommenden Generation von Forschenden Wert auf Diversität legen sollten, sondern auch, dass wir keine Angst haben dürfen, uns von unserer Neugierde leiten zu lassen und auch mal Ideen und Impulsen zu folgen, die von anderen vielleicht als verrückt oder zu ambitioniert abgetan werden. Das gilt natürlich nicht nur für die Astrophysik, sondern generell im Leben. Ich weiß nicht, wie oft ich früher belächelt wurde, als ich von meinem Traum erzählte, Astronautin werden zu wollen.

„Bunt" heißt aber auch ganz konkret, dass wir immer vielfarbigere Bilder vom Kosmos erhalten, indem wir die Aufnahmen von mehreren unterschiedlichen Teleskopen kombinieren. Ich denke, die Zeiten sind vorbei, in denen wir Astronominnen uns bei unserer Forschung auf einen Wellenlängenbereich beschränken, wie es in der Vergangenheit der Fall war. Als ich 2006 als durch und durch optische Astronomin bei der ESO anfing, war meine Büronachbarin als Radioastronomin für mich aus wissenschaftlicher Sicht schon fast ein Alien. Und von dem komischen (noch im Bau befindlichen) Teleskop, für das sie arbeitete, hatte ich vorher noch nie was gehört. Inzwischen arbeite ich zu unserer beider Belustigung selbst für dieses Teleskop – die Rede ist von ALMA!

Noch vor wenigen Jahren war es so, dass man sich auf einen Wellenlängenbereich spezialisierte, weil die Techniken des Beobachtens und der Datenverarbeitung doch sehr unterschiedlich sind und man alles selbst machen und bis ins kleinste Detail verstehen musste. Zum Beispiel verbrachte ich während meiner Doktorarbeit mehrere Monate am kleinen Mt.-Bigelow-Teleskop in Arizona (USA), um dort meine pulsierenden blauen Unterzwergsterne zu beobachten. Dort war ich nicht nur dafür verantwortlich, die Aufnahmen zu planen, auszuwerten und zu sichern, sondern organisierte auch die nötige Kalibrierung, füllte jeden Tag dicke Handschuhe tragend flüssigen Stickstoff nach, um das Instrument zu kühlen, öffnete und schloss die Kuppel der Sternwarte, steuerte das Teleskop und fuhr einmal die Woche hinunter in die Stadt, um den Kühlschrank mit mexikanischen Fertiggerichten und *Ben & Jerry's* Eis (das für mich damals exotisch war, in Deutschland jedenfalls kannte das noch keiner!) zu füllen. Wenn nicht gerade ein Schneesturm tobte und mich tagelang von der Außenwelt abschnitt. Technische Unterstützung oder eine speziell programmierte Software, um die Rohdaten zu prozessieren, gab es dort nicht – geschweige denn eine Kantine!

Im Gegensatz dazu bekommen Astronomen heutzutage bei modernen Teleskopen wie ALMA den vollen Rundum-sorglos-Service. Sie füllen lediglich in einer speziellen Software aus, welche Parameter die Aufnahmen erfüllen sollen (Position, Wellenlänge, Bildauflösung, Genauigkeit und so weiter) und bekommen mit etwas Glück einige Monate später die voll kalibrierten, qualitätsgesicherten Bilder bequem per Download nach Hause geliefert. So können sie sich voll auf die wissenschaftliche Analyse und Interpretation konzentrieren – und müssen die teils hochkomplexen Prozesse, die hinter den Aufnahmen stecken, nicht im Detail verstehen. Das macht es natürlich sehr viel leichter und attraktiver, mit Beobachtungen in unterschiedlichsten Wellenlängenbereichen zu arbeiten und diese zu kombinieren, um verschiedene Facetten ein und desselben Objektes zu beleuchten – oder ganz neue Sachen zu entdecken!

Doch damit nicht genug: Der Trend geht dahin, dass wir uns nicht mal mehr mit den Botschaften zufriedengeben, die uns die elektromagnetische Strahlung (egal welchen Wellenlängenbereichs) liefern kann. Stichwort *Multi-Messenger Astronomy*, die harmlosere Variante des Akronyms MMA[78]. Gemeint ist damit, dass wir zusätzlich zum (sichtbaren oder unsichtbaren) Licht, das uns aus den Tiefen des Weltalls erreicht, auch noch nach anderen Signalen suchen und diese auswerten. In der Astronomie ist das natürlich etwas komplizierter als bei vielen anderen Naturwissenschaften, wo man im Zweifelsfall einfach hingehen und etwas direkt berühren oder messen kann. Wir hingegen sind darauf angewiesen, dass solche Signale von alleine zu uns gelangen.

Zum Glück tun sie das, und zwar ständig. Die kosmische Strahlung, bestehend aus hochenergetischen Teilchenströmen, haben wir ja schon im Kapitel *Indigo* kennengelernt. Dann gibt es noch die Neutrinos, winzige Teilchen, die unter anderem bei der Kernfusion im Inneren von Sternen und Supernova-Explosionen entstehen. Neutrinos interagieren so gut wie gar nicht mit Materie, weswegen wir Menschen sie auch nicht wahrnehmen, aber sie umgeben uns – immer und überall. Alleine von der Sonne prasseln knapp 70 Milliarden Neutrinos pro Sekunde (!) auf deinen Daumennagel ein – und du spürst davon rein gar nichts! Dementsprechend ist es auch eine Herausforderung, Neutrinos zu messen – aber es ist möglich. Mithilfe von riesigen unterirdischen Tanks, die mit einer Detektorflüssigkeit gefüllt sind, können in Versuchslaboren wie den *Laboratori Nazionali del Gran Sasso* (LNGS) in den italienischen Abruzzen kosmische Neutrinos nachgewiesen werden, und zwar, wenn sie zufällig mit einem Elektron in der Flüssigkeit zusammenstoßen – dann gibt es einen schwachen Lichtblitz, der von hochempfindlichen Sensoren registriert werden kann. Im Falle des *IceCube*-Observatoriums in der Antarktis ist der Name Programm: Hier interagieren die Neutrinos mit Bestandteilen des Eises! Wie cool (im wahrsten Sinne des Wortes) ist das bitte?

Die Ära der Neutrino-Astronomie hat gerade erst begonnen, aber schon jetzt eröffnet sie uns eine ganz neue Sicht auf die hochenergetischen Prozesse des Universums. So konnte etwa mit dem *Borexino*-Experiment am LNGS dank der dort aufgezeichneten Sonnenneutrinos die Wasserstofffusion mittels der p-p-Kette[79] und des CNO-Zyklus[80] sowie deren relative Wichtigkeit (siehe Kapitel *Violett)* experimentell nachgewiesen werden. Das wäre mit elektromagnetischer Strahlung alleine nicht möglich gewesen, da diese ja, wie wir gesehen haben, erst mal Hunderttausende Jahre lang durch die Sonne titscht und dabei die ursprüngliche Signatur der Photonen verloren geht. Die Neutrinos hingegen interagieren kaum mit dem Rest der Sonne und gehen uns schnell und unverdorben in die Falle.

Eine weitere Art von Signal aus dem Weltraum, das nicht von elektromagnetischer Strahlung stammt, habe ich schon im Zusammenhang mit dem Verschmelzen von schwarzen Löchern und Neutronensternen erwähnt: Gravitationswellen. Diese Schwerkraftwellen werden von der Beschleunigung einer Masse hervorgerufen und sind Wellen in der Raumzeit selbst – das heißt, dass Abstände in einem Raumbereich kurzzeitig gestaucht und gestreckt werden.

Beim Passieren einer solchen Welle würde ein Lineal zum Beispiel abwechselnd etwas länger und etwas kürzer werden und diese Änderungen könnte man dann messen. Klingt eigentlich gar nicht so kompliziert, oder? Das klitzekleine Problem ist, dass die Änderungen genau das sind: klitzeklein. Und damit meine ich etwas in der Größenordnung von einem Zehntausendstel des Durchmessers eines Protons oder ungefähr 10^{-22} Meter! Mit meinem alten Schullineal bekomme ich eine solche Messgenauigkeit jedenfalls nicht hin. Außerdem würde durch die Gravitationswelle ja auch das Schullineal länger und kürzer werden. Deswegen benutzen die LIGO/VIRGO-Detektoren einen Trick, den wir schon im Kapitel *Orange* kennengelernt haben: die Interferometrie.

Das Prinzip ist simpel: Ein Laserstrahl wird in zwei senkrecht zueinanderstehende Detektorarme geschickt und an dessen Enden reflektiert. Wenn die Arme genau gleich lang sind, kommen die Wellenberge gleichzeitig zurück, interferieren also konstruktiv. Wenn aber jetzt ein Arm durch das Passieren einer Gravitationswelle gestaucht oder gestreckt wird, funktioniert das nicht mehr – eine Hälfte des Laserstrahls ist etwas länger unterwegs als die andere und die Wellen löschen sich (teilweise) gegenseitig aus. So können wir lustigerweise elektromagnetische Wellen benutzen, um Gravitationswellen nachzuweisen. Und das klappt erstaunlich gut: Seit der ersten Gravitationswelle 2015 hat die LIGO/VIRGO Kollaboration über Hundert solcher Ereignisse nachgewiesen.

Ähnlich wie beim irdischen Regenbogen können wir das Ende des kosmischen Regenbogens nicht wirklich sehen, auch wenn wir zeitweise vielleicht meinen, den Topf voll Gold gefunden zu haben. Für die alten Griechen waren jegliche Beobachtungen des Kosmos auf den sichtbaren Wellenlängenbereich beschränkt – eine andere Art von Strahlung existierte für sie nicht. Noch vor 100 Jahren wussten wir nichts über die Radiowellen aus dem Kosmos, obwohl wir sie von der Erdoberfläche aus empfangen können. Und der Großteil des kosmischen Regenbogens eröffnete sich uns erst mit dem Beginn der Raumfahrt ab den 1960er Jahren.

Seitdem erschließen wir immer neue Wellenlängenbereiche immer schwächerer Lichtquellen mit immer besseren Teleskopen und Instrumenten. Und seit einigen Jahren dringen wir mit der Messung von kosmischer Strahlung, Neutrinos und Gravitationswellen in ganz neue Sphären vor. Eins ist klar: Der Kosmos wird immer wieder Überraschungen für uns bereithalten, je mehr unterschiedliche Wege wir finden, ihm seine Geheimnisse zu entlocken. Es bleibt spannend!

Danke!

Ein Buch zu schreiben ist sehr viel mehr Arbeit, als ich dachte, und kann zeitweise ganz schön einsam sein – umso dankbarer bin ich für die großartige Unterstützung aus meinem Umfeld! Ich habe es meinem Arbeitgeber, der Europäischen Südsternwarte ESO, und vor allem meinen direkten Vorgesetzten Martin Zwaan und Leonardo Testi zu verdanken, dass ich mir überhaupt die Zeit und Muße für dieses riesige Projekt nehmen konnte und mich zwar ab und an, aber immerhin nicht ständig um ALMA kümmern musste.

Gleichzeitig waren die vielen Jahre bei der ESO in Garching, auf Paranal und bei ALMA und natürlich die tollen Kollegen und Kolleginnen, mit denen ich arbeiten, aber auch mal ein Bierchen oder einen Pisco Sour trinken durfte, meine größte Inspiration beim Schreiben dieses Buchs.

Für die großartige Umsetzung des Gesamtprojekts gilt mein Dank dem Gräfe-und-Unzer-Team, vor allem Simone Kohl, Ulrich Wank und Angela Gsell, die teilweise sehr viel Geduld mit mir haben mussten, wenn ich mit irgendetwas mal wieder nicht hundertprozentig zufrieden war (das gilt auch für unseren Illustrator Steffen Rümpler, der in kürzester Zeit meine sehr genauen Vorstellungen zu Papier gebracht hat). Es gab Zeiten, da hätte ich nicht gedacht, dass wir uns jemals auf einen Titel oder ein Cover einigen würden! An dieser Stelle ein besonderer Gruß an Florian Beier von Marek & Beier Fotografen, der mich auf Fotos immer zum Strahlen bringt. Und herzlichen Dank auch an meine Agentur H&S, ohne die ich wohl niemals auf die Idee gekommen wäre, ein Buch (und dann auch noch ein Sachbuch!) zu schreiben.

Ganz besonders bedanken möchte ich mich bei den Freunden und Kollegen, die mir bei meiner Recherche mit Rat und Tat zur Seite standen: Rubina Kotak, Joe Liske, Violette Impellizzeri, María Díaz Trigo, Evanthia Hatziminaoglou, Dirk Petry und vor allem Daniel Tafoya, der zeitweise so etwas wie eine Astro-Wissens-Hotline für mich war. Der Mann weiß wirklich alles – und wenn nicht, dann findet er es heraus!

Würdigen möchte ich auch die Weichensteller und Wegbegleiter meiner wissenschaftlichen Karriere: meinen Masters-Mentor Tony Lynas-Gray, ohne den ich nie bei den pulsierenden blauen Unterzwergsternen gelandet wäre, meinen Doktorvater Gilles Fontaine, der immer mehr an mich geglaubt hat als ich selbst, unsere *Belle Équipe*, ohne die ich wahrscheinlich längst der Forschung den Rücken gekehrt hätte, Betsy Green, die mir das Beobachten von der Pike auf beigebracht hat, und meine ehemalige Chefin Paola Andreani, die mich zu ALMA geholt hat.

Danke auch an das *Astronautin* Team, vor allem Claudia Kessler, Inka Helmke und Insa Thiele-Eich – die Zusammenarbeit mit Euch hat mir (nicht nur beruflich) ganz neue Perspektiven eröffnet!

Das gilt auch für das *Terra X Lesch & Co.* Team beim ZDF um Christiane Götz-Sobel, Elisabeth zu Eulenburg, Victor Riley und Tobias Schultes – dank Euch habe ich die Lust an der Wissenschaftskommunikation entdeckt!

Und dann gibt es noch (last, aber definitely not least) die Familie und Freunde, die mich mit ihren Ideen vorangebracht, erste Teile des Manuskripts gelesen und mich (ganz wichtig!) in dieser manchmal doch recht emotionalen Zeit unterstützt und bestärkt haben: Sonja Unold, Stuart Holdstock, Julia Weyer-Nagy, Peter Randall, Katrin Schrödter, Antje Ebner, Kathrin Gärtner, Carmen Köhler, Andrés Ramírez und Christopher Randall (mit Extra-Inspiration von Lilia und Liam). Danke, dass es Euch gibt!

Anmerkung zum Buch

Dieses Buch erhebt absolut keinen Anspruch auf Vollständigkeit. Ich habe zwar versucht, die wichtigsten Themen der beobachtenden Astronomie zu streifen, vor allem wenn sie meiner Meinung nach für ein breites Publikum spannend sind. Alle aktuellen Forschungsbereiche zu erwähnen hätte aber ganz klar den Rahmen gesprengt, daher habe ich mich von meinen eigenen Interessen und dem Konzept der unterschiedlichen Wellenlängenbereiche leiten lassen und dabei stark selektiert. Nimm es bitte nicht persönlich, wenn dein Lieblingsthema nicht dabei ist – über Geschmack lässt sich bekanntlich streiten!

Das Gleiche gilt natürlich für die Teleskope, die in diesem Buch vorkommen: Auch da habe ich eine ganz subjektive Auswahl getroffen. Klar, dass ich überproportional viel über die ESO-Teleskope schreibe – das ist einfach, weil ich persönlich viele Erfahrungen damit gemacht habe und deswegen auch mehr darüber erzählen kann als über ein Teleskop, zu dem ich keinen Zugang habe. Nur weil ich ein Teleskop hier nicht erwähne, heißt das definitiv nicht, dass es keinen wichtigen Beitrag zur Wissenschaft in dem jeweiligen Wellenlängenbereich leistet.

Wellenreiten im Weltall ist als populärwissenschaftliches Buch gedacht, das heißt, mein Fokus liegt darauf, Sachverhalte leicht verständlich und oft stark verallgemeinert darzustellen. Deswegen habe ich unzählige wissenschaftlich durchaus interessante Details, spannende Sonderfälle und Ungereimtheiten weggelassen, wenn sie nicht ins Narrativ passten oder ich dafür einfach hätte zu weit ausholen müssen. Ich habe mir größte Mühe gegeben, Sachverhalte so weit wie möglich wissenschaftlich akkurat darzustellen, aber natürlich hinken einige der Alltags-Analogien, die ich verwende, wenn man ihnen im Detail nachgeht. Die Alternative wären ellenlange mathematische Formeln – die in meiner Erfahrung dem allgemeinen Verständnis nicht gerade dienlich sind.

Was die „Farben" angeht, ist es so, dass die Wellenlängen/ Frequenz/Energie-Bereiche der Kategorien nicht in Stein gemeißelt sind – die Übergänge sind fließend und je nach Anwendung werden die Ober- und Untergrenzen verschoben. Ich habe die in der Astronomie typischerweise verwendeten Bereiche gewählt und in einigen Fällen leicht an das Narrativ angepasst. Genauso ist es wichtig zu verstehen, dass die meisten der Objekte, von denen ich erzähle, nicht eins zu eins in einen bestimmten Wellenlängenbereich gesteckt werden können – tatsächlich leuchten einige Phänomene, zum Beispiel Supernovae, in allen Farben des kosmischen Regenbogens. Auch hier habe ich mich am Narrativ orientiert, um möglichst viele unterschiedliche Objekte möglichst logisch aufeinander aufbauend auf eine möglichst unterhaltsame Art vorzustellen.

Zum Schluss noch ein Wort zu einem erstaunlich kontroversen Thema: dem Gendern. Ich habe mich bewusst gegen das Gendersternchen entschieden, weil es meiner Meinung nach in einem solch langen geschriebenen Text den Lesefluss zu stark unterbricht und vom Inhalt ablenkt. Stattdessen habe ich relativ zufällig mal das generische Maskulinum, mal das Femininum gewählt – ich hoffe, es ist selbstverständlich, dass bei beiden Varianten Menschen jedes Genders gemeint sind.

NACHWEISE UND ANMERKUNGEN

[1] Der sogenannten Rotverschiebung, dazu kommen wir später noch.

[2] Zu unterscheiden von der elektromagnetischen Strahlung, um die es hier geht, ist die Teilchenstrahlung. Während die elektromagnetische Strahlung aus Photonen (also im Ruhezustand masselosen Teilchen) besteht, breiten sich bei der Teilchenstrahlung beispielsweise Alphateilchen, Elektronen oder Neutronen (also Teilchen mit einer von Null verschiedenen Masse) aus.

[3] Hier interferieren Lichtwellen – das Prinzip machen wir uns auch in der Astrophysik zunutze, siehe Kapitel *Orange*.

[4] Das Ganze ist bekannt als photoelektrischer Effekt und bescherte Albert Einstein 1921 den Nobelpreis für Physik.

[5] Die Energie von Strahlung wird generell in Elektronvolt (eV) angegeben. Dabei ist 1 eV definiert als die kinetische Energie, die ein Elektron beim Durchlaufen einer Beschleunigungsspannung von 1 Volt gewinnt.

[6] Bei der Salatschleuder ist die Zentrifugalkraft am Werk, aber zur Veranschaulichung reicht die Analogie.

[7] https://www.aanda.org/articles/aa/full_html/2022/04/aa42778-21/aa42778-21.html

[8] https://www.nature.com/articles/s41586-021-03596-y

[9] Wie der Übergang von Rot zu Orange beim Regenbogen ist auch die Grenze zwischen Radio- und Mikrowellenstrahlung fließend und je nach Anwendungsbereich unterschiedlich definiert. Ich habe bei meiner Definition des Mikrowellenbereiches bewusst die Frequenzobergrenze etwas höher gewählt als üblich (oft wird diese bei 300 GHz oder 1 mm gesetzt), um den gesamten Wellenlängenbereich des ALMA-Teleskops mit abzudecken.

[10] https://www.bfs.de/DE/themen/emf/mobilfunk/vorsorge/recht/grenzwerte.html

[11] Eine wichtige Ausnahme bildet die Antenne von Penzias und Wilson, die allerdings mit größeren Wellenlängen arbeitete. Obwohl die kosmische Mikrowellenhintergrundstrahlung bei ungefähr 2 mm Wellenlänge am stärksten ist, wurde sie bei Testbeobachtungen im Wellenlängenbereich um 7 cm entdeckt.

[12] https://iopscience.iop.org/article/10.1088/2041-8205/808/1/L3/pdf

[13] z. B. https://iopscience.iop.org/article/10.3847/2041-8213/aaf741/pdf

[14] https://www.eso.org/public/news/eso1907/

[15] https://www.eso.org/public/news/eso2208-eht-mw/

[16] https://www.eso.org/public/teles-instr/paranal-observatory/vlt/vlti/

[17] https://www.nature.com/articles/355145a0

[18] https://www.nature.com/articles/378355a0

[19] https://iopscience.iop.org/article/10.3847/1538-4357/833/2/145/pdf

[20] https://www.nature.com/articles/nature21360

[21] https://ntrs.nasa.gov/api/citations/20180004151/downloads/20180004151.pdf

[22] Diese Reaktion bildet den zweiten Teil der p-p-Kette, über die wir im Kapitel *Violett* noch ausführlicher sprechen.

[23] Schaut mal vorbei: www.eso.org

[24] Der Wolf-Rayet-Stern R136a1, https://ui.adsabs.harvard.edu/abs/2010MNRAS.408.731C

[25] https://youtu.be/BknZ2Yxeglk

[26] https://www.wissenschaft.de/astronomie-physik/wenn-der-grosse-baer-zur-ente-wird/

[27] https://www.eso.org/public/about-eso/faq/faq-vlt-paranal/#24

[28] https://www.nature.com/articles/s41550-020-1174-4

[29] https://science.gsfc.nasa.gov/691/analytical/PDF/Elsila2009.pdf

[30] https://www.science.org/doi/10.1126/sciadv.1600285

[31] Laut einiger Studien könnten Innenräume mit Menschen darin direkt mit Fern-UVC-Licht (Wellenlängen von 200–230 nm) bestrahlt werden, um Corona- sowie andere Viren in der Luft effektiv zu bekämpfen. Anders als kurzwelligere UV-Strahlung dringt das Fern-UVC-Licht kaum in die Haut ein und wirkt scheinbar nicht gesundheitsschädigend, siehe https://iuva.org/resources/covid-19/Far%20UV-C%20Radiation-%20Current%20State-of%20Knowledge.pdf.

[32] https://www.nature.com/articles/s41586-021-04124-8.pdf

[33] Eine solche durch Akkretion oder Verschmelzen mit einem Begleitstern getriggerte Supernova wird als Typ-Ia-Supernova bezeichnet, die im nächsten Kapitel behandelten Kernkollaps-Supernovae werden, je nach Masse des Sterns, als Typ Ib, Ic oder II klassifiziert.

[34] https://www.science.org/doi/epdf/10.1126/science.1259063

[35] Ein schönes Bild davon gibt es im Kapitel *Grün*.

[36] Die aktiven UV-Weltraumteleskope SOHO (ESA/NASA) und Hisaki (JAXA) sind auf die Sonne sowie die Planeten unseres Sonnensystems spezialisiert. Das indische UVIT-Teleskop ist nur für indische Wissenschaftler zugänglich. (Stand 2022)

[37] https://www.aanda.org/articles/aa/pdf/2017/04/aa30132-16.pdf

[38] https://iopscience.iop.org/article/10.1086/505556/pdf

[39] https://link.springer.com/article/10.1007/s10509-014-1935-6

[40] Mit der Einheit Sievert wird die biologische Wirkung einer Strahlungsaussetzung hinsichtlich unregelmäßig auftretender Risiken wie Krebs gemessen. Die Art der Strahlung wird dabei schon miteinbezogen, sodass die Risiken von Röntgen-, Gamma- und Teilchenstrahlungsbelastung direkt miteinander verglichen werden können.

[41] https://www.bfs.de/DE/themen/ion/umwelt/natuerliche-strahlung/natuerliche-strahlung_node.html

[42] https://www.bfs.de/DE/themen/ion/umwelt/lebensmittel/dosisbeitrag-ernaehrung/dosisbeitrag-ernaehrung.html

[43] https://www.bfs.de/DE/themen/ion/umwelt/luft-boden/flug/flug.html

[44] https://www.nasa.gov/sites/default/files/atoms/files/space_radiation_ebook.pdf

[45] https://www.science.org/doi/10.1126/science.1123430

[46] https://journals.aps.org/prl/pdf/10.1103/PhysRevLett.116.061102

[47] Ausgenommen sind hier potenziell existierende mikroskopisch kleine schwarze Löcher, die uns aber sowieso nichts anhaben könnten.

[48] https://www.nature.com/articles/nature06997

[49] https://iopscience.iop.org/article/10.3847/1538-4357/ab4b46

[50] https://iopscience.iop.org/article/10.3847/2041-8213/abdf5a

[51] Es gibt ab und zu auch Röntgenausbrüche, die extrem hell sind und wo dann mehrere Photonen ankommen.

[52] Von circa 0,1–10 keV oder 10–0,1 nm.

[53] https://www.aanda.org/articles/aa/full_html/2020/11/aa38521-20/aa38521-20.html

[54] https://iopscience.iop.org/article/10.1086/383178

[55] Streng genommen entsteht Gammastrahlung beim radioaktiven Zerfall und wird dadurch von Röntgenstrahlung unterschieden, wobei die Frequenzbereiche der Strahlungsarten überlappen. In der Astrophysik wird aber jede Strahlung mit mehr als circa 100–200 keV – egal welchen Ursprungs – als Gammastrahlung bezeichnet.

[56] https://www.ssk.de/SharedDocs/Beratungsergebnisse_PDF/1995/1995_03.pdf?__blob=publicationFile

[57] Die Halbwertszeit eines Radionuklids bezeichnet die Zeitspanne, innerhalb derer die Menge und damit auch die Aktivität auf die Hälfte reduziert wird. Nach drei Halbwertszeiten ist die ausgehende Strahlung eines Materials um fast 90 % gesunken.

[58] https://www.iter.org/

[59] Mit der p-p-Kette geht es bereits ab 4 Millionen Grad los, mit dem CNO-Zyklus ab etwa 15 Millionen Grad.

[60] Zu 1 % folgt die Kernfusion in der Sonne dem CNO-Zyklus.

[61] Bei der Fusion wird eines der Protonen durch Abgabe eines Positrons in ein Neutron umgewandelt, sodass schwerer Wasserstoff oder Deuterium, bestehend aus einem Proton und einem Neutron, entsteht.

[62] Wie man im p-p-Diagramm erkennen kann, werden hier auch Neutrinos erzeugt, die für die Forschung durchaus relevant, aber dank ihrer sehr schwachen Wechselwirkung mit Materie für uns hier nicht von praktischem Interesse sind.

[63] Bei einer Atomwaffe würde der Blitz weniger als eine millionstel Sekunde dauern, Gammablitze dauern hingegen typischerweise hundertstel Sekunden bis wenige Minuten.

[64] Gammablitze (englisch Gamma Ray Bursts oder GRBs) werden nach dem Datum ihrer Entdeckung benannt. GRB 090429B war demnach der zweite am 29. April 2009 entdeckte Gammablitz.

[65] https://iopscience.iop.org/article/10.1088/0004-637X/736/1/7; die Fehlerbalken der Messung sind allerdings recht groß, weswegen manchmal der formal etwas nähere Gammablitz GRB 090423 als Rekordhalter gesehen wird.

[66] https://www.nature.com/articles/s41586-019-1754-6

[67] Der Prozess ist als inverse Compton-Streuung bekannt.

[68] https://www.thoughtco.com/gamma-ray-burst-destroy-life-earth-3072521

[69] In der Astrophysik gilt alles, was schwerer als Helium ist, als Metall!

[70] https://journals.aps.org/prl/pdf/10.1103/PhysRevLett.113.231102

[71] Wie der Name schon andeutet, ist eine Hypernova eine besonders energiereiche Supernova, die beim Kollaps extrem massereicher Sterne entsteht.

[72] https://iopscience.iop.org/article/10.3847/2041-8213/aa920c

[73] https://www.youtube.com/watch?v=nfeIC57flks

[74] https://iopscience.iop.org/article/10.1088/1361-6382/abd3e2

[75] https://www.nature.com/articles/s41586-021-03802-x

[76] https://www.nature.com/articles/s41550-022-01618-x

[77] Das Large Area Telescope (LAT).

[78] Steht auch für Mixed Martial Arts!

[79] https://www.nature.com/articles/nature13702

[80] https://www.nature.com/articles/s41586-020-2934-0

BILDNACHWEIS

S. 28: NASA, ESA, S. Baum and C. O'Dea (RIT), R. Perley and W. Cotton (NRAO/AUI/NSF), and the Hubble Heritage Team (STScI/AURA)
S. 33: gizmodo
S. 35: Wikipedia: By LOFAR / ASTRON
S. 47: NASA
S. 63: ESA and the Planck Collaboration
S. 67: ESO/B. Tafreshi (twanight.org)
S. 69: Suzanna Randall privat
S. 76 rechts: ESO
S. 76 links: From Negrello et al., SCIENCE 330:800 (2010). Reprinted with permission from AAAS.
S. 79: ESO
S. 81: ESO
S. 90: Suzanna Randall privat
S. 93: NASA
S. 103: ESO/M. Kornmesser
S. 109: ESO/L.Calcada
S. 113: NASA, ESA/Hubble and the Hubble Heritage Team
S. 115: NASA, ESA, CSA. STScI
S. 122 rechts: ESO/VISTA/J. Emerson. Acknowledgment: Cambridge Astronomical Survey Unit
S. 122 links: ESO
S. 138: ESO
S. 145: ESO
S. 149: mauritius images
S. 153: NASA
S. 166: ESO/INAF-VST/OmegaCAM. Acknowledgement: A. Grado, L. Limatola/INAF-Capodimonte Observatory
S. 170: Wikimedia Commons: Nasa Hubble Space Telescope
S. 172: Wikipedia: NASA and the European Space Agency
S. 177: NASA
S. 180: Wikipedia: NASA/JPL-Caltech/J. Huchra (Harvard-Smithsonian CfA)
S. 200: ALMA (ESO/NAOJ/NRAO)/A. Angelich. Visible light image: the NASA/ESA Hubble Space Telescope. X-Ray image: The NASA Chandra X-Ray Observatory
S. 202: X-ray: NASA/CXC/SAO; Optical: NASA/STScI; Infrared: NASA-JPL-Caltech
S. 208: NASA/CXC/SAO/E.Bulbul, et al
S. 211: ESO/Andrew Pontzen and Fabio Governato
S. 212: NASA/CXC/CfA/ M.Markevitch et al.
S. 229: Public Domain
S. 231: NASA/DOE/TemiLAT Collaboration
S. 232: NASA's Goddard Space Flight Center
S. 235: ESO/CTA/M-A. Besel/IAC (G.P. Diaz)
S. 17, 21, 40, 43, 55, 72, 76, 87, 99, 119, 126, 134, 135, 157, 183, 189, 205, 215, 221: Steffen Rümpler

NIE WIEDER ANALPHABET!

IMPRESSUM

© 2022 GRÄFE UND UNZER VERLAG GmbH,
Postfach 860366, 81630 München

EDITION

Gräfe und Unzer ist eine eingetragene Marke der GRÄFE UND UNZER
VERLAG GmbH, www.gu.de

ISBN 978-3-8338-8380-4

1. Auflage 2022

Projektleitung: Simone Kohl
Lektorat: Ulrich Wank
Illustrationen: Steffen Rümpler
Bildredaktion: Petra Ender
Umschlaggestaltung: Ki36 Editorial Design, München, Bettina Stickel
Umschlagfoto: Marek Beier, Marek & Beier Fotografen München
Herstellung: Markus Plötz
Satz und Innenlayout: Björn Fremgen, KONTRASTE
Repro: Ludwig Media, Zell am See
Druck und Bindung: Livonia, Riga

Umwelthinweis: Dieses Buch ist auf PEFC-zertifiziertem Papier gedruckt. PEFC garantiert, dass Holz- und Papierprodukte aus nachhaltig bewirtschafteten Wäldern stammen.

Die GU-Homepage finden Sie unter www.gu.de

www.facebook.com/gu.verlag

Ein Unternehmen der
GANSKE VERLAGSGRUPPE

UNSERE MILCHSTRASSE (SEITENANSICHT)

US 708

OMEGA CENTAURI

BULGE

KUGELSTERNHAUFEN

SCHEIBE

SONNE

DUNKLER HALO

50.000 LICHTJAHRE

1.000.000 LICHTJAHRE

SN 1987A

KLEINE MAGELLANSCHE WOLKE

GROSSE MAGELLANSCHE WOLKE

ANDROMEDA

M32

UNSERE LOKALE GRUPPE